电脑横机花型设计实用手册

姜晓慧　王智　编著

U0216825

中国纺织出版社

内 容 提 要

本书从最基本的线圈讲起，由浅入深，通过线圈图和织物模拟图对电脑横机的花型设计做了详细的说明。其中主要介绍了电脑横机的基础知识、电脑横机的基本组织结构，利用电脑横机如何编织提花织物、嵌花织物、成形织物及特殊结构织物。

本书可供毛衫行业的操作人员、技术人员、管理人员和产品开发人员阅读，也可作为职业培训教材，同时可供纺织院校相关专业师生参考。

图书在版编目（CIP）数据

电脑横机花型设计实用手册/姜晓慧，王智编著．—北京：中国纺织出版社，2014.6 （2023.3 重印）

ISBN 978 – 7 –5180 –0587 –1

Ⅰ．①电… Ⅱ．①姜… ②王… Ⅲ．①计算机应用—横机—编织—手册 Ⅳ．①TS183.4 –39

中国版本图书馆 CIP 数据核字（2014）第 069326 号

策划编辑：孔会云　　责任编辑：王军锋　　特约编辑：符　芬
责任校对：寇晨晨　　责任设计：何　建　　责任印制：何　艳

中国纺织出版社出版发行

地址：北京市朝阳区百子湾东里 A407 号楼　邮政编码：100124

销售电话：010—87155894　传真：010—87155801

http://www.c-textilep.com

中国纺织出版社天猫旗舰店

官方微博 http://weibo.com/2119887771

唐山玺诚印务有限公司印刷　各地新华书店经销

2014 年 6 月第 1 版　2023 年 3 月第 4 次印刷

开本：710×1000　1/16　印张 10.5

字数：80 千字　定价：68.00 元

········· 前 言 ·········

　　近年来，随着毛衫行业的不断发展，电脑横机越来越多地被使用。电脑横机比手摇横机用人少、劳动强度低、花型变化方便且多样，产品应用广，已逐步取代手摇横机并占领绝大多数毛衫市场。

　　为了帮助初接触电脑横机的人员能很好地掌握电脑横机的花型设计，本手册从最基本的线圈讲起，由浅入深，通过线圈图和织物模拟图对电脑横机的花型设计做了详细说明，旨在对初学者和相关专业的人员有所帮助。

编著者

2014 年 2 月

目 录

第一章　电脑横机基础知识

第一节　电脑横机的编织原理

电脑横机编织的织物属于纬编的一种，是由许多线圈串套而形成的。电脑横机的结构如图1-1所示。

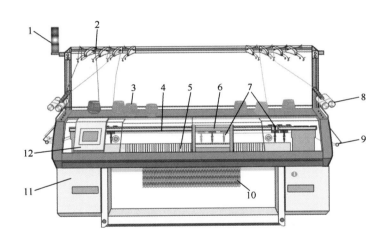

图1-1　电脑横机结构示意图

1—指示灯　2—纱线张力器　3—纱线　4—导纱器导轨　5—针床（针床）　6—机头（三角座）

7—导纱器　8—送纱器　9—侧面张力器　10—坯布　11—控制箱　12—显示器屏

一、线圈的形成

线圈是针织物最基本的单元。它是由一根直纱线通过织针勾取，再由织针运动使之弯曲成线圈，线圈再相互串套而形成，如图1-2和图1-3所示。

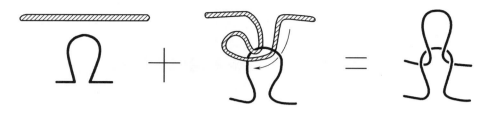

图 1 - 2　正面线圈的形成

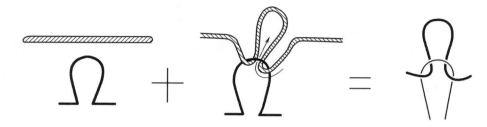

图 1 - 3　反面线圈的形成

二、针织物的参数

1. 线圈长度　一个线圈所需要的纱线长度，它是由一个针编弧、一个沉降弧和两个圈柱组成，如图 1 - 4 所示。

2. 线圈密度　织物的松紧程度是由线圈密度来衡量的。线圈密度分为横向密度和纵向密度两个方向，如图 1 - 5 所示。电脑横机上密度是由机头中的密度电动机来控制的。

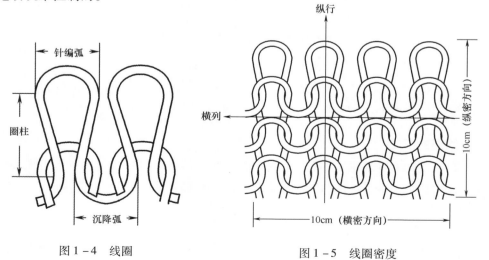

图 1 - 4　线圈　　　　　　　　　　　　　图 1 - 5　线圈密度

线圈长度越长，即线圈越大，则织物越稀松，反之则织物越紧密。

横向密度简称横密，指织物单位长度（10cm）内的纵行数。

纵向密度简称纵密，指织物单位长度（10cm）内的横列数。

密度越大，说明单位长度内的线圈数量多，也就是织物越紧密。织物的密度在同一针距机器的编织中可以有不同，这可通过调节机器的密度三角来达到。

3. 针距 针距指横机上所排列的织针之间的距离。通常用 25.4mm（1 英寸）内有多少针来定义横机的针距，也就是通称的机号。如 7 针机就是指横机针床上 1 英寸内有 7 枚织针；12 针机就是指横机针床上 1 英寸内有 12 枚织针。横机上的隔距通常是在机器出厂时就已经决定，那么用户根据自己所使用的纱线、要生产的织物厚薄可以选择不同的针距的机器。目前电脑横机的针距大致范围为 3 ~ 18mm。

第二节 电脑横机的主要编织元件

一、针床

针床也叫针板，一般每个机器都有前后 2 个针床，有的特殊横机还有 4 个针床、5 个针床。针床上开有针槽或镶钢片形成织针等元件的槽。上面装有织针、挺针片、中间片、选针片、沉降片等编织元件，如图 1 - 6 所示。每个针床上织针等元件的数量由机号决定。

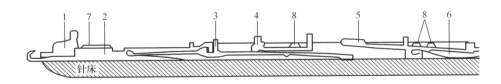

图 1 - 6 电脑横机针床上编织元件位置图

1—沉降片 2—织针 3—挺针片 4—中间片 5—选针片

6—选针片弹簧 7—织针压条 8—其他压条

二、三角座

三角座的主要作用是通过三角轨道作用于织针，三角轨道是由多个三角组成的，我们把使织针上下运动完成一次编织动作的三角组称为编织系统或成圈系统。每个系统分前系统和后系统，分别作用于前后针床上的织针。三角座主要由起针三角、挺针三角、压针三角、导向三角等组成。起针三角的作用是把织针从起始位置提升至集圈高度。挺针三角的作用是把织针从集圈高度提升至退圈高度。导向三角的作用是防止织针在惯性力的作用下继续上升并把织针从最高点下压。压针三角的作用是把织针往下压勾取纱线形成新线圈。由于机头双向往复运动，所以三角对称排列。图1-7为织针在三角轨道运行的简易图。

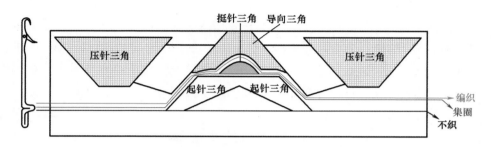

图1-7　织针在三角座中走针轨迹简图

三、织针

织针是主要的编织元件，种类有舌针、槽针、复合针、双头针等，如图1-8所示。

1. 舌针的结构　电脑横机使用较多的是装有弹簧针舌的舌针。舌针结构如图1-9所示。弹簧的作用在于当针舌打开和关闭时，能够达到预定的位置。

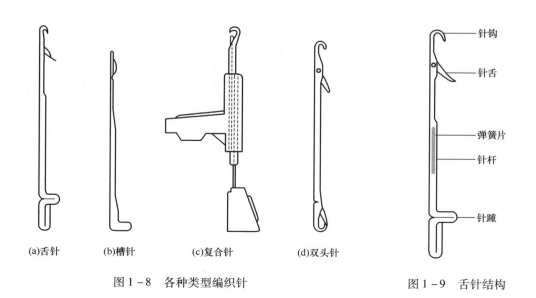

(a)舌针　　　(b)槽针　　　(c)复合针　　　(d)双头针

图1-8　各种类型编织针　　　　　　　　　图1-9　舌针结构

2. 织针的运动 织针运动是针与三角跑道之间的相对运动，由于织针的针踵在机头（三角座）上往复运动，针头位置相对不同。以舌针为例，编织过程为整理（握持）→打开针舌（退圈）→脱圈→闭口（垫纱—闭口）→成圈，如图 1-10 所示。

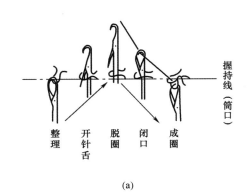

(a)

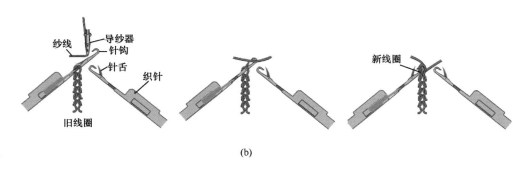

(b)

图 1-10 成圈过程示意图

四、导纱器

1. 导纱器的作用 导纱器也称为喂纱嘴，是带动纱线并将纱线垫入织针的元件。

在织针到达脱圈位置之后继续下降过程中［图 1-10（a）］，需要将形成新线圈的纱线垫入针钩内。为此，导纱器在机头的带动下沿针床运动，从纱线筒管上拉出纱线，依次喂入织针，这样相邻的线圈就串套形成一个横列。导纱器安装在导轨上，一般的电脑横机有 4 根导轨，导轨的两侧都可安装导纱器，导纱器可以根据需要穿入不同颜色、不同原料的纱线。

2. 穿纱 穿纱如图 1-11 和图 1-12 所示。

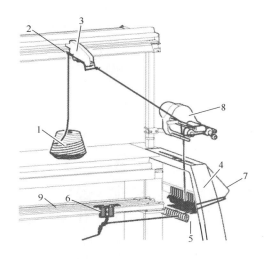

图 1－11　穿纱

1—纱线筒子　2—导纱环　3—纱线控制器（张力器）　4—安全侧门　5—纱线转向管
6—导纱器　7—侧张力器　8—摩擦送纱轮　9—导纱器导轨

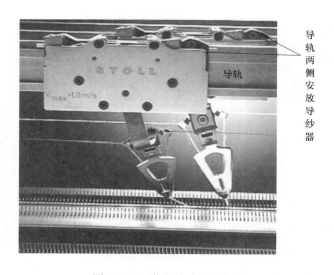

图 1－12　嵌花导纱器的穿纱

第三节　影响编织的参数

一、牵拉

为了避免针钩内的纱线随着织针的上升而上升，更好地实现退圈而进行顺利编织，最传统的方法就是握持织物向下牵拉。手摇横机使用挂重锤的方式进行牵拉。

电脑横机的牵拉是采用牵拉辊的下拉方式。牵拉装置（图1-13）由两根圆柱形的牵拉辊1组成，织物3在两根牵拉辊中间穿过，并被两根牵拉辊夹紧，牵拉辊在电动机的传动下可控制的做反向转动来拉动织物，在退圈过程中起到阻止旧线圈上升的作用。

由于织物变形，故在布边的拉力要比中间部位小。为解决这个问题，电脑横机无法像手摇横机那样时常在布边处加挂小重锤，因此电脑横机一般在靠近针床口处另设一辅助牵拉辊2来保证布边处有足够的牵拉力，如图1-13所示。

在编制电脑横机的程序中，可将合适的牵拉力的值设置在其中。牵拉力大，织物受力大，线圈容易被拉断，牵拉力太小，有可能使线圈不能正常脱圈，从而使织物浮在针板口上。因此，要根据使用的纱线、组织结构等来确定合适的牵拉力数值。

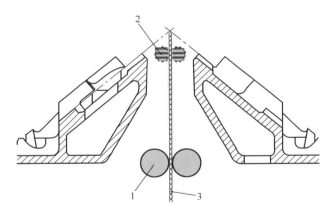

图1-13 牵拉装置

二、机器速度

机器速度是直接影响生产效率的一个参数。各个制造厂家生产的机器，其速度范围是不同的。进口的机器相对要快。设计人员在编制花型程序时就可将速度设置在程序中，方便使用。但速度也受机器状态、使用纱线、花型结构等因素的影响，即使同型号、同针型的机器，生产同品种的织物，由于纱线强力不够，机器保养不好，机器的速度也不能达到预定值。因此，要保证机器能够更好地发挥效率，就要认真做好机器的保养。另外，要根据组织结构、纱线品质等适时地调整机器速度。

三、密度设定

前面章节已经介绍了线圈密度。在电脑横机编程中，编织密度也可以事先设定好。通常，先在机器上编织一块小布样，经过下机拉密等操作，测定其密度值，符合要求后再进行规模生产。

第二章　电脑横机的基本编织动作

　　电脑横机主要有成圈、集圈、浮线、脱圈、翻针、横移等几个基本动作。

　　编织图是模拟编织机上的织针，使用不同的符号来表示织物不同结构的方法。我们用一个点代表 1 枚织针，下、上两行点分别代表前针床（或称前板）和后针床（或称后板）的织针。机头的每个系统的一个行程对应一排织针，如图 2-1 所示。

图 2-1　编织图中织针的表示

第一节　成圈、集圈和浮线

一、成圈

　　1. 成圈的走针轨迹　成圈是形成织物的最基本单元，可单独用来形成整个坯布。成圈的织针在三角座中的走针轨迹如图 2-2 所示。

　　2. 成圈的编织过程　织针在起针三角的作用下从起始位置［图 2-3（a）］上升至集圈高度［图 2-3（b）］，在这一位置上旧线圈已将针舌打开，但还压在针舌上。织针到达集圈高度后受到挺针三角的作用继续上升，旧线圈便从针舌上滑至针杆上［图 2-3（c）］，这一过程称为退圈。织针到达挺针三角的最高点后受到导向三角的作用开始下降，导纱器对织针进行垫纱［图 2-3（d）］。在压针三角的作用下织针继续下降，并勾取纱线，此时位于针杆上的旧线圈沿着针杆上升，碰到针舌后将针舌关闭［图 2-3（e）］，旧线圈从针舌上滑出针头至新勾的纱线上［图 2-3（f）］，这一过程称为脱圈。当织针继续受压针三角的作用下降，织针便拉着新勾的纱线形成新线圈［图 2-3（g）］，这一过程称为成圈。

　　成圈过程如图 2-3 所示。

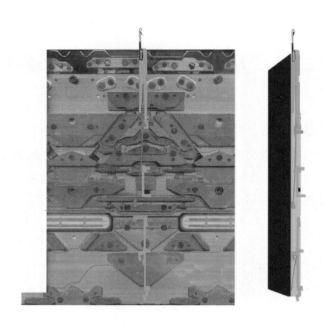

图 2 - 2　成圈的走针轨迹

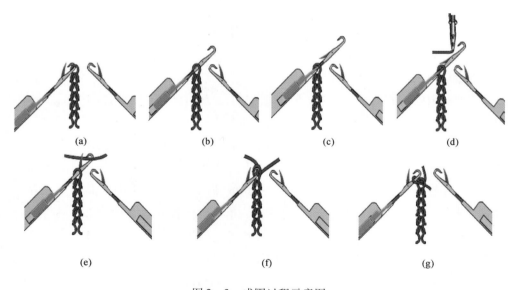

图 2 - 3　成圈过程示意图

3. 成圈编织图的表示　图 2 - 4（a）表示的是前针床编织的线圈，称为正面线圈；图 2 - 4（b）表示的是后针床编织的线圈，称为反面线圈。

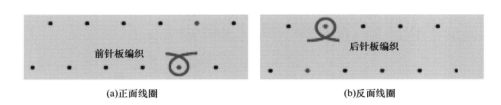

(a)正面线圈   (b)反面线圈

图2-4 成圈的编织图

二、集圈

集圈指纱线喂入织针，但未成圈。这种结构不能单独用来形成整个坯布，而是与成圈组合改变织物结构，增加布面的外观效果。

1. 集圈的走针轨迹 集圈的走针轨迹如图2-5所示。

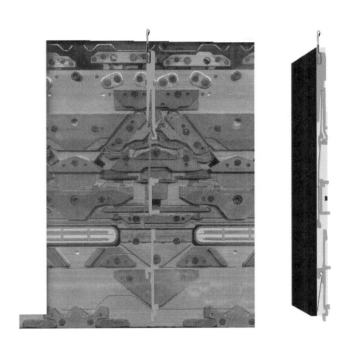

图2-5 集圈的走针轨迹图

2. 集圈的编织过程 如图2-6所示，织针在起针三角的作用下从起始位置 ［图2-6（a）］上升至集圈高度 ［图2-6（b）］，在这一位置上旧线圈已将针舌打开但还压在针舌上没有滑至针杆上。织针保持在这一位置上后导纱器对织针进

行垫纱［图2-6（c）］。然后受压针三角的作用织针下降并勾取纱线［图2-6
（d）］，旧线圈仍回到针钩内与新勾到的纱线集中在一起［图2-6（e）］，所以
这一过程称为集圈。成圈后形成的新线圈如图2-6（f）所示。

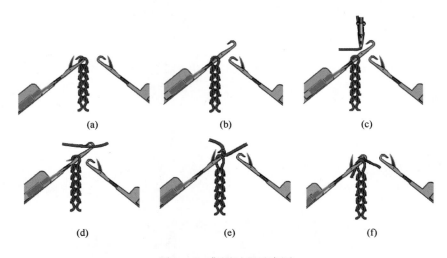

图2-6　集圈过程示意图

3. 集圈编织图的表示　集圈编织图如图2-7所示。

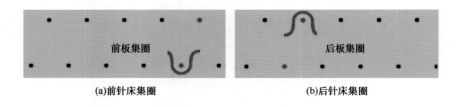

图2-7　集圈编织图

三、浮线

1. 浮线的走针轨迹　浮线的走针轨迹如图2-8所示，纱线越过一枚织针不
编织。织针被压进轨道不参加工作，即不垫纱。

2. 浮线的编织过程　织针不受系统内任何三角作用而保持在原位置［图2-
9（a）］。虽然导纱器也对织针进行垫纱［图2-9（b）］，但织针没有勾取新纱
线，新纱线只是横过这一织针的位置，形成一条浮在表面的线段［图2-9
（c）］。

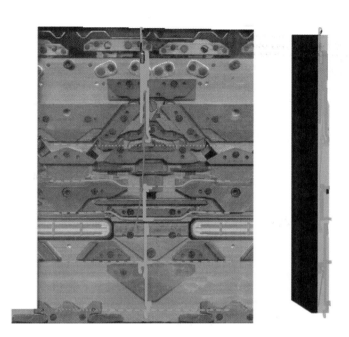

图 2-8 浮线的走针轨迹

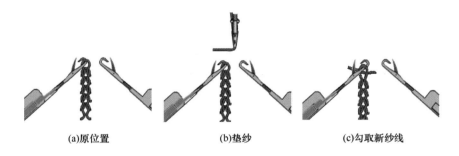

(a)原位置   (b)垫纱   (c)勾取新纱线

图 2-9 浮线的编织过程

3. 浮线编织图的表示方法 浮线的编织如图 2-10 所示。

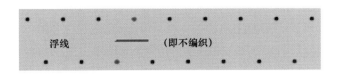

图 2-10 浮线的编织图

第二节　脱圈、翻针和横移

一、脱圈

1. 脱圈的编织过程　脱圈与成圈的编织过程相同，只是织针到达挺针三角的最高点后受到导向三角的作用开始下降，而此时没有导纱器对织针进行垫纱（织针上升到成圈高度，旧线圈脱掉，但没有新纱线垫入），这时此针位的纱线将脱掉成为一根浮线。

2. 脱圈的编织图　脱圈的编织如图2–11所示。

图2–11　脱圈的编织图

二、翻针（移圈和接圈）

1. 翻针的走针轨迹　移圈就是将一根织针上的线圈转移到另一根织针上的过程；而接圈就是一根织针从另一根织针上接过转移过来的线圈的过程。移圈和接圈总是同时进行且由专门的三角组控制。移圈和接圈的走针轨迹如图2–12所示。

2. 翻针的编织过程　移圈时织针在退圈高度上继续上升［图2–13（b）］，线圈到达织针的扩圈片上［图2–13（c）］，接圈针上升［图2–13（d）］，针头从移圈针的扩圈片中间穿过，同时也进入移圈线圈中［图2–13（e）］。然后移圈针下降［图2–13（f）］，线圈使移圈针的针舌关闭［图2–13（g）］，移圈针便从线圈中脱出［图2–13（h）］，而线圈完全挂在接圈针上后，接圈针下降到原始位置［图2–13（i）］，移圈和接圈过程结束。

3. 翻针线圈图的表示方法　如前所述，下上两排点代表的是前后针床的织针位置，翻针可用箭头形象表示，如图2–14所示。

被翻掉线圈的织针成为空针（翻针动作在手摇横机上用目针手动进行的）。

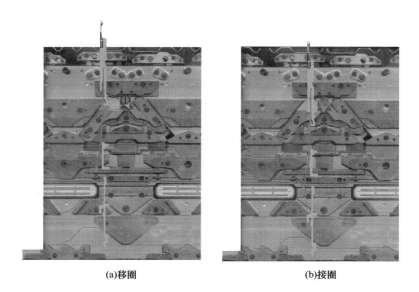

(a)移圈　　　　　　　　　　　　　　(b)接圈

图 2 - 12　移圈和接圈的走针轨迹

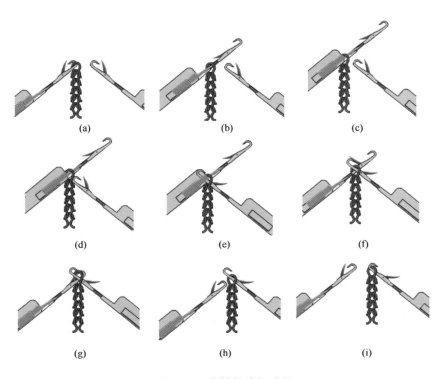

图 2 - 13　翻针的编织过程

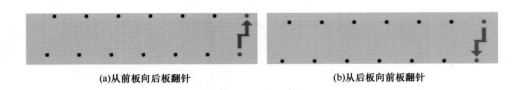

(a)从前板向后板翻针   (b)从后板向前板翻针

图 2 - 14   翻针的线圈图

三、横移

横移俗称摇床或错板。

1. 针床的对位原点   前后两个针床上的织针，其原点基准位置是：一个针床的织针正对着另一个针床的针槽中间，即所谓针对槽（棉毛对针），两个针之间的距离称为 1 个针距，它的大小随着机器的机号而变化（机号 = 针数/25.4mm），如图 2 - 15 所示。

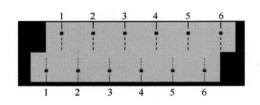

图 2 - 15   针床对位原点

2. 针床的横移   一般两针床的电脑横机是后针床可以左右横移。现在还有四针床、五针床的机器，它们的前针床也可以移动。

当后针床向左移动 n 个针距，我们就称为左横移 n 针，n 最小可以移动半个针距，最大距离根据不同厂家设计其范围有所不同。STOLL 电脑横机向左右各可以相对于原点横移 2 英寸的距离。图 2 - 16（a）表示的是后针床向左横移 2 个针距（ N]L2 ），（b）表示的是后针床向右横移 1 个针距（ [U]R1 ）的情况。

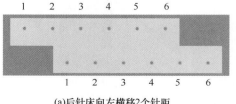

(a)后针床向左横移2个针距

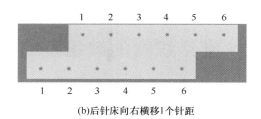

(b)后针床向右横移1个针距

图 2 – 16　针床横移示意图

　　线圈可以通过翻针和针床横移后的接圈，使线圈移到相邻或相隔的织针上，从而形成孔洞、扭斜等效果。

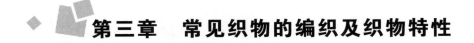

第三章　常见织物的编织及织物特性

第一节　电脑横机常见织物的编织及织物特性

正如前面所说，成圈就是由织针沿三角向下运动，套在针钩中，旧线圈向下滑动打开针舌并脱至针杆，导纱器将纱线喂入针钩，而旧线圈将针舌关闭，织针继续下降使得旧线圈从针头上脱掉，从而形成新线圈。

一、单面正面平针织物

1. 组织结构　在机器上用一个针床的织针编织成的织物称为单面织物。而正面平针织物是由多个前针床线圈组成的织物，其编织图如图3－1所示。

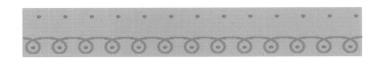

图3－1　正面平针织物编织图

图3－1中可以看出是前针床形成线圈，后针床保持不动。单面正面平针织物的正反面模拟及实物效果如图3－2所示。

2. 织物特性　单面平针织物的两面外观不同，所有线圈均匀一致，织物具有卷边性。布的左右两边向反面卷，如图3－2（d）所示；上下往正面卷，如图3－3所示。织物很容易从顺逆两个方向拆散。正面平针织物广泛用于一般毛衫以及绣花、印花毛衫的底衫等。

3. 编织密度　编织密度根据纱线的粗细按正常设置。STOLL横机上通常设定数值为11.5～12.0。

(a)正面模拟视图

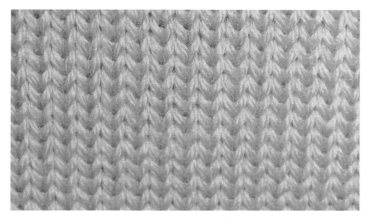

(b)织物正面实际效果图

(c)反面模拟视图

两边向
反面翻卷

(d)织物反面的实际效果图

图 3-2　单面正面平针织物的模拟视图及实物图

图 3 - 3　单面织物的卷边性

二、单面反面平针织物

如图 3 - 4 所示，单面反面平针织物只在后针床编织。

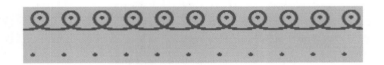

图 3 - 4　单面反面平针织物的编织图

1. 组织结构　单面反面平针织物是由多个在后针床编织的线圈组成的织物，织物正反两面的效果图与单面正面平针织物正好相反。因此，只有前针床编织的平针织物和只在后针床编织的平针织物一旦从机器上取下，就很难分辨是哪个针床编织的（图 3 -5）。

(a)正面效果

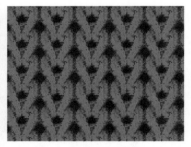
(b)反面效果

图 3 - 5　单面反面平针织物视图

2. 织物特性 与单面正面平针织物相同，单面反面平针织物一般用作毛衫的袖子、大身以及花色组织的地组织。

3. 编织密度 单面正面平针织物与单面正面平针织物的编织密度相同。

三、双面平针织物

在两个针床上编织的织物称为双面织物，双面平针织物也叫四平织物。

1. 组织结构 编织双面平针织物时，前后两个针床上的织针都在同一号织针上编织，由前针床编织的线圈作为正面线圈，由后针床编织的线圈作为反面线圈。其编织图如图 3 - 6 所示。

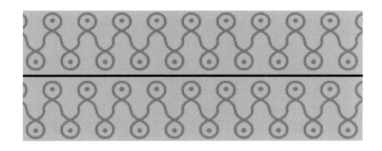

图 3 - 6 双面平针织物编织图

由于前后线圈相互制约，线圈被压缩，使得下机后织物的两面看上去都像正面平针织物，但手感比单面厚，如图 3 - 7 所示。

而用手将织物拉开，即可看到 1 正 1 反的结构。四平织物实际效果如图 3 - 8 所示。

2. 织物特性 不拉伸的四平织物两面都显示为正面线圈，拉伸后可看到正面线圈之间的反面线圈；四平织物的横向具有一定的弹性，织物不卷边，下机后回缩，所以织物厚实挺括；四平织物拆散只能从最后一行拆散。该织物可用做加厚衫，也可用在下摆及一些花型中。

3. 编织密度 四平织物由于在两个针床交替编织，前后针床间隙需要使用一定的纱线量，这些纱线可以转移到线圈中，从而使线圈变大。所以要维持正常编织，所设置密度数值比单面要小。STOLL 横机上一般为 9.2 ~ 9.5。

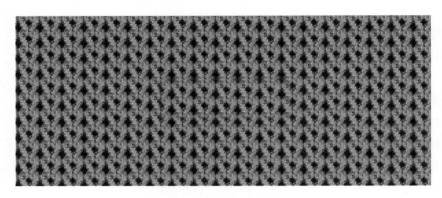

(a) 织物展开前模拟视图

(b)展开前织物的实际效果

图 3 - 7　四平织物展开前织物模拟视图及实际效果

图 3 - 8　四平织物展开后的实际效果

四、罗纹织物

罗纹织物与双面平针织物结构相同，只是前后针床上参加编织的织针排列不同。

1. 1×1罗纹织物

（1）组织结构。1×1罗纹织物是前后针床1隔1出针编织，两者组合为一个基本单元，由此循环而得到整个织物。

此时的针床对位为针对针，也就是在原点基准位置上，后针床向左横移半个针距得到的，如图3-9所示。上下两行数字各代表后针床、前针床的针号（在STOLL横机上的指令为：UN#，N代表原点，#代表横移半个针距）。

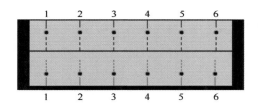

图3-9　前后针床针对针位置

1×1罗纹织物的编织如图3-10所示。

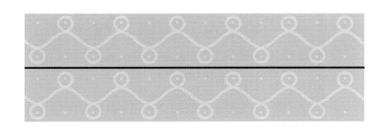

图3-10　1×1罗纹织物的编织图

编织1×1罗纹织物时，前后两针床的织针出针频率一致，织物的正反面看上去一样。1×1罗纹织物的织物模拟视图和外观效果如图3-11所示。

（2）织物特性。1×1罗纹织物横向弹性好，不卷边，织物两面外观相同。1×1罗纹织物常用作衣服的下摆、袖口等。

（3）编织密度。1×1罗纹织物的密度值设置比较小，与四平织物相近（STOLL横机一般设置为9.0~9.5）。1×1罗纹织物属于双面织物。

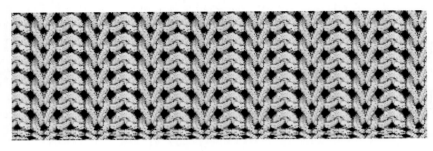

(a)织物模拟视图

单
面
平
针

1×1
罗纹

(b)实物效果

图3-11　1×1罗纹织物模拟视图及实物效果图

1×1罗纹织物在针织服装中的应用如图3-12所示。

2. 2×1罗纹织物

（1）组织结构。与1×1罗纹织物相比，编织2×1罗纹织物只是在前后针床编织的排针不同。2×1罗纹组织是由1个前针床编织线圈 ⚬、1个四平线圈 ⚬ 和1个后针床编织线圈 ⚬，三个基本线圈组成的基本单元，针床对位在针对槽（原点）的位置。2×1罗纹织物也常被用做衣服的下摆、袖口、领边等。

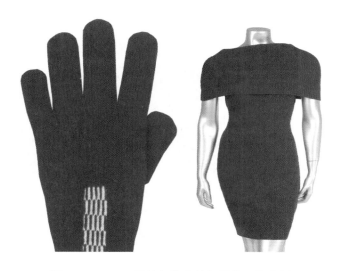

图 3 – 12　1×1 罗纹织物在针织服装上的应用

2×1 罗纹组织的编织如图 3 – 13 所示，每个针床上都是 2 针编织、1 针空针而循环的。

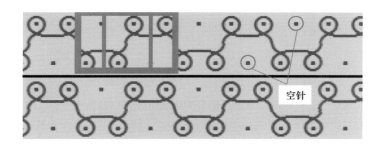

图 3 – 13　2×1 罗纹组织编织图

2×1 罗纹织物的模拟视图及织物效果如图 3 – 14 所示。

（2）织物特性。2×1 罗纹织物稍有卷边性，两面外观一致，横向有很好的弹性，甚至比四平织物弹性要大得多，厚度比单面平针织物厚。由于间隔有四平线圈，所以常被用来作衣服的下摆、袖口、领边等。

（3）编织密度。由于 2×1 罗纹织物不像四平织物和 1×1 罗纹织物那样前后针床都是间隔出针编织，而是在同一针床上相邻两支针出针编织，所以它的密度设置要大于 1×1 罗纹织物（STOLL 横机上通常设置为 10.0 左右）。2×1 罗纹织物属于双面织物。

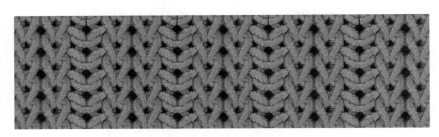

(a)织物模拟视图

(b)织物实物效果

图 3-14　2×1 罗纹织物模拟视图及织物实物效果

3. 2×2 罗纹织物

（1）组织结构。2×2 罗纹组织是由 2 个前针床编织线圈 和 2 个后针床编织线圈 组成的基本单元组织，针床对位在针对针的位置上。每个针床都是间隔出针空 2 针、编织 2 针。2×2 罗纹组织的编织如图 3-15 所示。

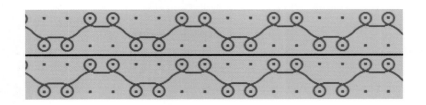

图 3-15　2×2 罗纹组织的编织图

由于前后两针床出针规律一样，所以 2×2 罗纹织物正反面外观相同。其织物模拟视图如图 3-16 所示。

2×2 罗纹织物实物如图 3-17 所示。

图 3-16 2×2 罗纹织物模拟视图

图 3-17 2×2 罗纹织物实物

（2）织物特性。2×2 罗纹织物横向边缘稍有卷边性，织物两面外观相同；弹性和厚度大于单面平针织物，小于 2×1 罗纹织物。该织物常被用做帽子，衣服的下摆、袖口、领边以及全身花型等。

图 3-18 2×2 罗纹结构编织的成衣照片

（3）编织密度。2×2罗纹织物的密度比单面平针织物小些。与2×1罗纹织物基本相同，在STOLL横机上一般设置为10.0。2×2罗纹织物属于双面织物。

按照上述规律，罗纹织物的前后针床排针可以设置成多种多样，形成正、反针宽度不同的罗纹组织。如果应用在针织服装上，在织物表面形成凹凸的条纹效果。编织时，可通过调整前后针床的编织针数，使条纹可宽可窄，变化多样，也可作为织物的图案。编织时也可通过采用不同粗细的纱线、不同的密度变化，使2×2罗纹织物在毛衫中的修饰更具立体感和变化性。

图3-19所示是采用多针间隔的正反针形成的宽罗纹织物在针织服装上的应用。

图3-19　宽罗纹组织在针织服装上的应用

五、空转织物

空转织物也叫空气层织物或圆筒织物。

1. 组织结构　由1行前针床编织的线圈![]和1行后针床编织的线圈![]组成，但前针床线圈和后针床线圈编织后都不翻针，仍然被握持在原有针床上，这样就形成了圆筒织物，可以将两层布面分开。其编织图表示如图3-20所示。

空转织物正反面看上去都是正面线圈，类似正面平针织物，织物模拟效果如图3-21所示。空转织物实物效果如图3-22所示。

2. 织物特性　空转织物外观上犹如两块平纹织物，但没有罗纹组织的弹性。该织物通常用作大身下摆、袖口、门襟等，也有的应用于特殊花型部分。

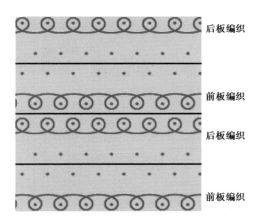

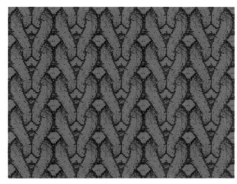

图 3 - 20　空转组织的编织图　　　　　图 3 - 21　空转织物模拟图

3. 编织密度　由于前后针床的线圈都是相对独立地完成编织的，空转织物的编织密度略小于单面平针织物（STOLL 横机上一般设置为 11.0 ~ 11.5），属于双面织物。

图 3 - 22　空转织物实物

六、双反面织物

1. 组织结构　双反面组织是由 1 行正面编织线圈 和 1 行反面编织线圈 组成的单元结构。但与前面提到的空转织物不同的是，每编织完 1 行（如前针床的）线圈后，线圈就要向另一针床上翻针（向后针床翻针 ），然后再在另一针床（后针床）上开始编织，编织后再翻针（向前针床翻针 ）。这样就是正面线圈要从原来的反面线圈中拉出，而反面线圈要从原来的正面线圈中拉出，依次循环编织。其编织图如图 3 – 23 所示。

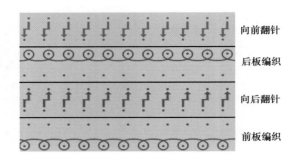

向前翻针

后板编织

向后翻针

前板编织

图 3 – 23　双反面组织

　　双反面织物的外观两面相同，都呈现出线圈的针编弧和沉降弧。其织物模拟图如图 3 – 24 所示。

图 3 – 24　双反面织物模拟视图

双反面织物实物如图 3 – 25 所示。

图 3 – 25　双反面织物实物

双反面织物在针织服装中的应用如图 3 - 26 所示。

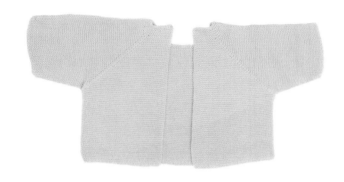

图 3 - 26　双反面组织编织的童装

双反面组织也适用于花式纱编织围巾、帽子，如图 3 - 27 所示。

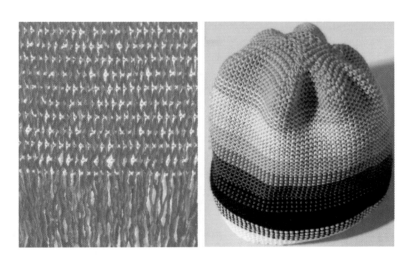

图 3 - 27　双反面组织编织的围巾、帽子

2. 织物特性　双反面织物下机后纵向回缩而横向膨胀，所以织物的纵向延伸性较大；织物不卷边、蓬松、手感柔软，厚度略厚于单面平针织物。由于整行都是一个针床上编织的线圈，所以脱散性与单面平针织物相似。由于双反面织物双方向弹性都很好，所以很适合编织婴儿服装。

3. 编织密度　双反面织物的编织密度同单面平针织物，它属于单面织物。

七、四平空转织物

四平空转织物也叫米兰诺织物。

1. 组织结构　由 1 行四平 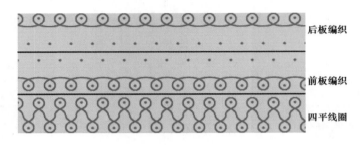+1 行正面编织 +1 行反面编织 组成的单元组织（没有翻针），循环虽然是 3 个编织行，但织物正反面都为 2 行。其编织图如图 3 - 28 所示。

后板编织

前板编织

四平线圈

图 3 - 28　四平空转织物编织图

四平空转织物正反两面外观相同，织物模拟视图如图 3 - 29 所示，织物实物效果如图 3 - 30 所示。

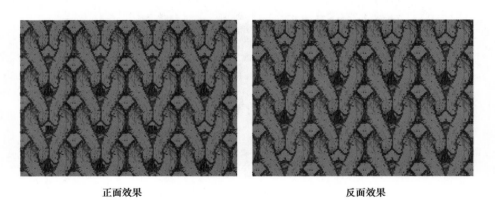

正面效果　　　　　　　　　　　　　　　反面效果

图 3 - 29　四平空转织物模拟视图

2. 织物特性　四平空转织物不卷边，正反两面看上去都是正面线圈，但与单纯的空气层织物相比更加厚实，厚度比单面平针厚；横向延伸性低，尺寸稳定性好，且不能用手完全分开成两片，类似于机织物。常被用于编织领子、门襟以及针织外衣、运动衣裤、女裙等地方，图 3 - 31 所示为四平空转编织的运动裤效果。

图 3 - 30 四平空转织物实物效果

3. 编织密度 四平组织采用四平的密度，空转采用空转的密度。四平空转组织织物属于双面织物。

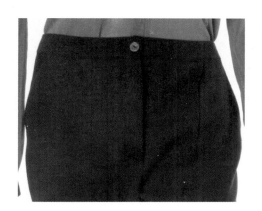

图 3 - 31 四平空转编织的运动裤

八、三平组织织物

三平组织织物也叫半米兰诺织物。

1. 组织结构 由 1 行四平 + 1 行后针床编织线圈 组成，其编织图如图 3 - 32 所示。

三平组织织物从两面看都是前针床编织线圈，但正反两面行数不同，即正反面的线圈比不同。正面与反面的线圈比是 1∶2。其模拟织物效果如图 3 - 33 所示，实物如图 3 - 34 所示。

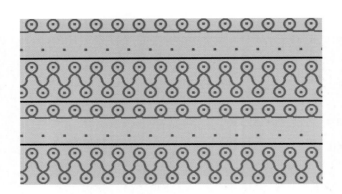

图 3 – 32　三平组织编织图

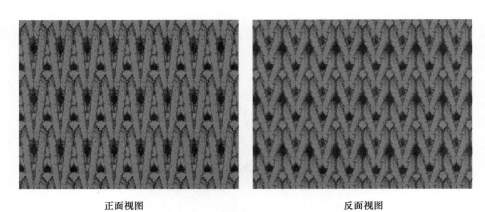

正面视图　　　　　　　　　　　　　　　　　　反面视图

图 3 – 33　三平织物模拟视图

正面　　　　　　　　　　　　　　　　　　　　反面

图 3 – 34　三平织物实物效果

2. 织物特性　三平组织织物没有卷边性，因为两面的线圈行数不同，使得织物两面具有不同的外观，一面线圈紧密，有隐现的凹凸效应，另一面则外观平整有拉长线圈；织物的弹性小，但比四平空转织物的弹性好；具有较好的稳定性，但又略低于四平空转织物；厚度比四平空转织物略微薄些。在实际应用中可根据款式需要选择织物的正反面做服装的正面。

3. 编织密度　分别采用四平和单面编织的密度。

三平组织织物编织的服装如图 3 – 35 所示。

九、畦编组织织物

畦编组织是在罗纹组织的基础上，加入了集圈，使得织物变厚、变宽。

1. 畦编组织　畦编组织俗称双元宝或双畦编。

（1）组织结构：畦编组织为两行一个循环单元，其中 1 行为前针床集圈、后针床编织，另 1 行为后针床集圈、前针床编织。其编织图如图 3 –36 所示。

图 3 – 35　三平组织（半米兰诺）
编织的针织服装

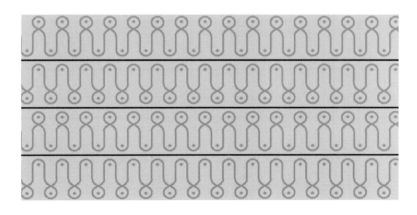

图 3 – 36　畦编组织编织图

其织物模拟视图和实物效果如图 3-37 所示。

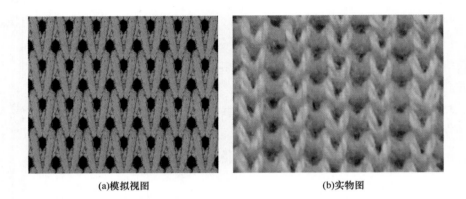

(a)模拟视图   (b)实物图

图 3-37　畦编组织织物模拟视图和实物图

（2）织物特性：畦编组织织物不卷边，织物两面外观一样，由于有集圈，所以线圈"变胖"，布幅变宽；织物横向弹性很好，比单面织物厚。

（3）编织密度：编织部分的密度如四平，集圈部分的密度小于四平。

2. 半畦编组织　半畦编组织俗称单元宝。

（1）组织结构。与畦编组织相比，用 1 行四平编织取代了前针床集圈后针床编织的那一行，编织图如图 3-38 所示。

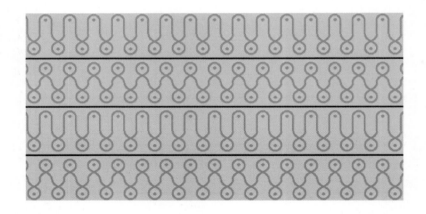

图 3-38　半畦编组织编织图

其织物的模拟效果如图 3-39 所示，实物如图 3-40 所示。

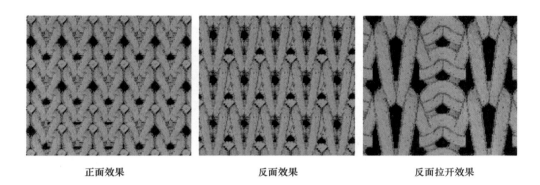

正面效果　　　　　　　反面效果　　　　　　反面拉开效果

图 3 - 39　半畦编组织织物模拟效果图

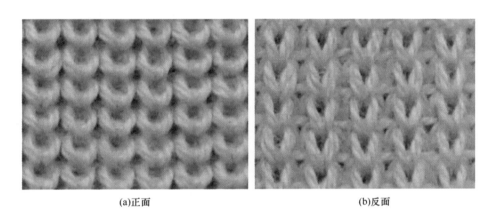

(a)正面　　　　　　　　　　　　　　(b)反面

图 3 - 40　半畦编组织织物实物

（2）织物特性。半畦编组织织物不卷边，织物正反面都显示为正面平针效果，但外形不同，由于后针床的集圈动作使得正面成为"胖"线圈且不平整如图 3 - 40（a）所示，拉开后可看到编织集圈时产生的两根纱线，如图 3 - 40（b）所示；织物反面非常平整；正反面的行数比为 2∶1；织物横向变宽，具有很好的弹性和延展性；织物厚度比单面平针厚。通常用于编织外穿毛衫。

（3）编织密度。半畦编组织织物的编织密度同双畦编组织。采用半畦编组织，结合使用不同的纱线，可编织出如图 3 - 42 所示的花色毛衫。

3. 变化的畦编组织（小蜂窝组织）

（1）组织结构。变化的畦编组织采用后针床间行隔针集圈。其编织图如图 3 - 43所示，布面效果如图 3 - 44 所示。

图 3-41　半畦编组织编织的服装

图 3-42　彩色纱线编织的半畦编组织毛衫

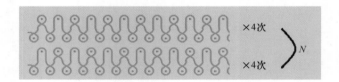

图 3-43　小蜂窝组织编织图

(a)正面织物视图

(b)反面织物视图

图 3-44　小蜂窝组织织物

（2）织物特性。小蜂窝组织织物不卷边，正反面外观不同，布面显示纵向曲折的效果，织物横向有弹性。通常用作毛衫大身的花型。

（3）编织密度。编织小蜂窝组织时，前后针床使用比罗纹稍紧的密度。STOLL横机设置9.0左右。局部使用变化的半畦编组织，编织的织物如图3－45所示。

图3－45　局部变化的半畦编组织织物

十、波纹组织织物（摇床效果）

1. 纵向扭曲网眼织物

（1）组织结构。纵向扭曲网眼织物是后针床编织和集圈，然后摇床后再编织和集圈。其编织图如图3－46所示，第1、第2行（下方）在针床原点 [U]0 编织，第3、第4行在针床向右横移1针 [U]R1 后进行编织。

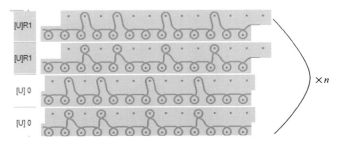

图3－46　摇花效果编织图

（2）织物特性。纵向扭曲网眼织物两边具有卷边性，织物两面呈现不同效果，利用摇床的动作，使正面看上去有扭曲效果，反面有凸起纵条，经常应用在毛衫的花型中。图3-47所示为正反面织物效果。

 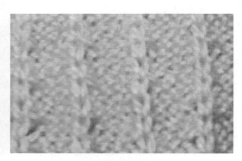

(a)织物正面　　　　　　　　　　　　(b)织物反面

图3-47　纵向扭曲网眼织物

（3）编织密度。前针床密度设置为正常单面编织密度（STOLL 横机上为 11.5 ~ 12.0），后针床设置为稍紧点的罗纹密度（STOLL 横机上为 8.5 ~ 9.0）。

2. 一针摇床 Z 字花组织

（1）组织结构。该组织由满针畦编组织和针床 1 针距横移编织而成，编织图如图 3-48 所示。含有集圈或线圈的后针床相对前针床横移时，产生特殊的倾斜效果。由于是后针床做横移动作，所以当集圈在后针床时，则线圈的歪斜与摇床的方向相反（如蓝色）；当集圈在前针床时，线圈的歪斜与横移方向相同（如粉色）。

集圈在后针床时，（蓝色）编织的效果是使织物的正面线圈向左倾斜，集圈在前针床时，（粉色）编织的效果是使织物的正面线圈向右倾斜。

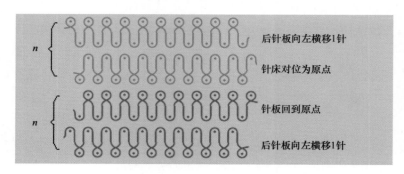

图3-48　一针摇床 Z 字花编织图

倾斜边的长短取决于行数 N 的数值。图 3-49 所示的织物图为 $N=10$ 的情况。

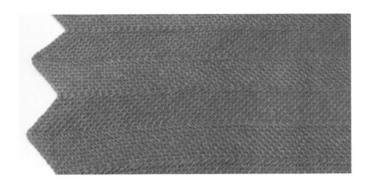

图 3-49　Z 字花织物

（2）织物特性。Z 字花织物不卷边，线圈倾斜，织物呈现 Z 字花，织物左右边缘为锯齿形。这种花型常用于编织帽子等。

（3）编织密度。编织密度同畦编组织。

3.1×1 畦编组织和针床 2 针距横移（带抽针）

（1）组织结构。该组织的编织图如图 3-50 所示，其中蓝色部分在织物中是使线圈向左倾斜的，粉色部分是使线圈向右倾斜的。

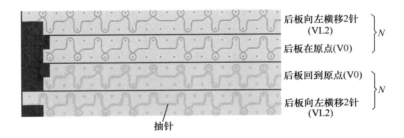

图 3-50　1×1 畦编组织和针床 2 针距横移的编织图

由于横移 2 个针距，所以线圈的倾斜度更大了，织物正面效果如图 3-51 所示。

（2）织物特性。织物不卷边；线圈比横移 1 针时更加倾斜，织物的厚度比前者薄，比单面平针厚；织物两边也是锯齿状。

（3）编织密度。由于需要横移 2 个针距，所以织物的密度需要松一些。

波纹组织的地组织可以是四平、四平抽条、畦编、畦编抽条等组织。波纹组织变化丰富，非常具有动感，常常用在领子、帽子、裙子或毛衫上。

图 3 – 51　1 × 1 畦编组织和针床 2 针距横移织物的正面效果

　　抽针的多少以及不同的地组织，可以使波纹组织织物得到不同的织物效果，如图 3 – 52 所示。

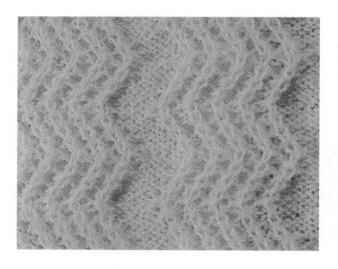

图 3 – 52　变化的波纹组织织物

第二节　电脑横机编织的变化组织及织物特性

一、网眼组织

　　1. 组织结构　使织物形成孔眼的原理就是将一个线圈从一个针床翻针到另一针床上，经过针床横移后，再翻回到本针床上。由于翻回来的线圈位置不在原来的织针位置上，这样原来的位置就是一支空针。如果在空针上起针，新线圈将不能按正常线圈显示而是类似集圈的状态，这样就形成了孔眼。可以利用孔眼设计各种网眼花型。

网眼组织的编织如图 3 – 53 所示，为了显示清楚，图中使用不同颜色来表示：粉色的是被移走的线圈，红色的是在空针上新起的线圈，蓝色为基本地组织。

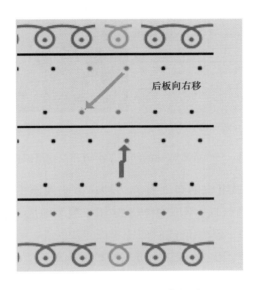

图 3 – 53　网眼组织编织图

网眼组织的线圈移动到左侧时的织物模拟图和实物效果如图 3 – 54 所示。

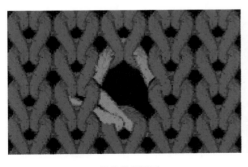

(a)织物模拟视图

(b)实物效果

图 3 – 54　网眼织物模拟视图和实物效果

网眼组织的线圈也可以向右侧移动，其编织图和织物模拟视图如图 3 - 55 所示。

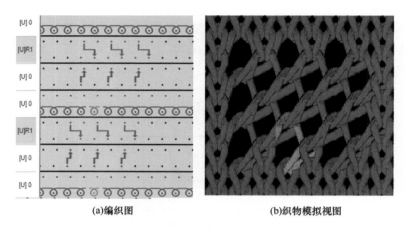

(a)编织图   (b)织物模拟视图

图 3 - 55　向右移动的网眼编织图和织物模拟视图

2. 织物特性　网眼组织的布面有卷边性；由于线圈的搬移，布面镂空形成网眼，增强了织物的透气性。网眼织物通常用于服装的局部花型、童装或夏季服装上。由于有翻针动作，编织所需时间比单面组织长。

3. 编织密度　网眼织物的编织密度与同机号的单面织物编织密度基本相同。

图 3 - 56 是利用网眼模块做出的一种网眼组织变化花型的织物效果。

图 3 - 56　网眼织物

小网眼的形成如前所述。而大网眼的形成如图 3 - 57 的编织图所示。图 3 - 58 所示为大网眼织物的模拟视图。将两个相邻的线圈（用红色表示）按小网眼的方式分别向两边移圈（通过后针床左右各横移 1 个针距），再翻回前针床。这两个空针重新起针时，需要前后针床分别起针（为了辨别清楚，特意使用不同颜色画图，红色的为翻掉的线圈，粉色的为新起针编织的线圈）。

后针床的编织密度紧（特别是第一次的空针起），前针床为正常单面织物密度。

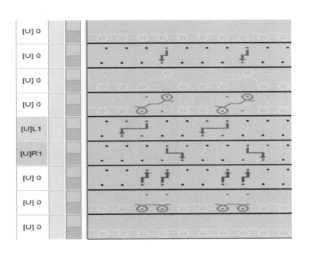

图 3 - 57　大网眼结构编织图

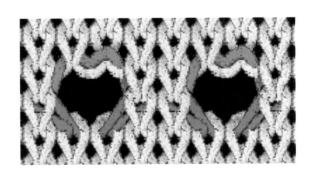

图 3 - 58　大网眼织物模拟视图

如图 3 - 59、图 3 - 60 所示，都是由移圈形成的各种网眼组成的花型。

另外，还有一些特殊的网眼花型，如移圈后不编织，而且抽针、拉浮线等，使花型变化多样，做成的服装更具通透感、更时尚，如图 3 - 61 所示。

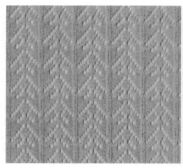

图 3 - 59　网眼花型（一）

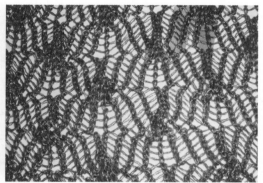

图 3 - 60　网眼花型（二）

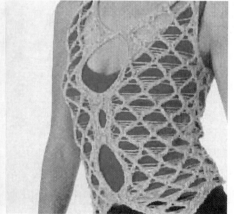

图 3 - 61　特殊的镂空服装

二、绞花

1. 组织结构 绞花是通过移圈和摇床,将垂直的纵行交叉、互换位置而形成的。纵行数的多少可以根据需要改变。下面以3×3的绞花结构为例进行说明。

让相邻的6个纵列进行交叉,即将这6个纵行向后翻针,哪边3针先翻回前针床,这一边的线圈就在织物的上面。在图3-62所示的编织图中可以看到:右侧的3个线圈先被翻回前针床,所以就在面上了,我们可以称为右压左的绞花。

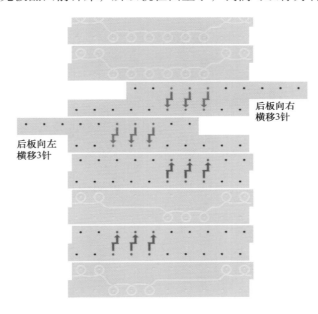

图3-62 右压左3针绞花编织图

绞花的织物模拟图和织物效果如图3-63所示。

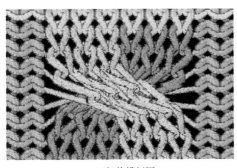

(a)织物模拟图

(b)织物效果

图3-63 3针绞花织物视图和织物效果

2. 织物特性 绞花织物两边有卷边性。设计中常常在绞花的相邻部位使用反针，从而使绞花的立体感更强、花型更清晰。

绞花织物具有很强的立体感，特别是在粗针机上的应用，使服装看上去更休闲、中性。绞花非常普遍地用在各类服装上，可以是满身绞花，也可以是局部绞花，可以在衣片两边形成对称图案，从下盘旋而上，粗犷、动感十足。而细线编织的小绞花，应用在前片、袖子上，使毛衫的款式更丰富，更细腻。近些年，设计师使用纵向、横向、斜向绞花，使毛衫更加具有艺术感。

图 3-64 所示为绞花在服装上的应用。

图 3-64　绞花在服装上的应用

3. 编织密度　绞花织物的编织密度按单面织物的编织密度来进行。

三、菱形块

1. 组织结构　菱形块俗称阿兰花。编织原理与绞花基本类似，就是利用移圈方式使相邻纵行的线圈交换位置，在织物中形成凸出于织物表面的斜向线圈，用这样的斜向线圈来形成菱形、V 字形等形状的结构花型。两针阿兰花即为 2 个纵行与 1 个纵行相交，也就是 2 个纵行向一个方向横移 1 针，要相交的 1 个纵行则向相反的方向横移 2 针。菱形块就是由这样的基本模块组合而成的。

以两针阿兰花为例，基本模块的编织如图 3 - 65 所示。

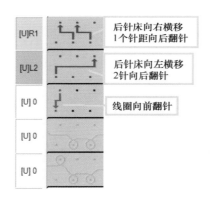

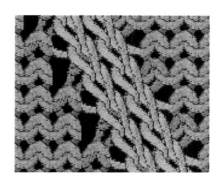

模板编织图　　　　　　　　　　　　　　　织物模拟视图

图 3 - 65　向左倾斜的两针阿兰花

向右倾斜的基本模块的编织如图 3 - 66 所示。

菱形块至少要由两个方向的斜向模块组成。另外，如果菱形的上下想要做成有凹凸感的结构，还要加上一个类似于绞花的重叠交叉模块。这样做出来的菱形块更有立体感，如图 3 - 67 所示。

一般来说最宽的斜向凸出条纹是 3 针。

2. 织物特性　阿兰花的地组织通常是单面平针组织。如果边缘没有阿兰花时，织物的特性就是单面平针织物的特性，具有卷边性等。

阿兰花结构用在女衫中具有高贵典雅的气质，更显淑女气质。不同的菱形相组合，或者同绞花、网眼组织相结合，可以使设计风格更具灵活性，使毛衫更具个性。

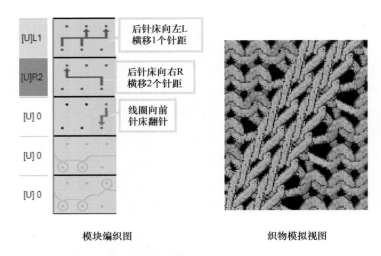

[U]L1	后针床向左L 横移1个针距
[U]R2	后针床向右R 横移2个针距
[U] 0	线圈向前 针床翻针
[U] 0	
[U] 0	

模块编织图   织物模拟视图

图3－66 向右倾斜的两针阿兰花

图3－67 菱形块的织物模拟视图和织物效果

3. 编织密度 采用正常的单面织物密度即可。

图3－68所示为菱形块与纵向绞花结构相结合在毛衫中的应用，看上去凹凸有致，刚柔并存。

图3－68（b）所示的女衫是在罗纹组织基础上使用局部阿兰花的设计，在视觉上打破了原有的线条常规，突出了毛衫的休闲风格。图3－68（c）图中的男衫采用嵌花方式的阿兰花和2×3绞花。图3－68（d）图中的童衫是用嵌花的方法带入不同颜色的纱线编织阿兰和凸起结构，非常有立体感。

（a）　　　　　　　　　　（b）

（c）　　　　　　　　　　（d）

图 3 - 68　阿兰花在毛衫中的应用

四、凸条

凸条通常是因为两个针床上的线圈行数有差异而形成的。凸条的种类有很多，下面介绍几种常见凸条形成的基本原理。

1. 闭口凸条

（1）组织结构。凸条的上下两端闭合着，编织图如图 3 - 69 所示。

图 3 - 69 中粉色线圈编织的是凸条部分，上下 2 行四平线圈 ，中间有 N 行单面前针床编织的线圈 ，编织这些单面线圈时，四平的后针床线圈不翻到前针床，只能握持在后针床上。由此可以看出前针床线圈数为 $N+2$ 行，而后针床只编织 2 行，两个针床编织的线圈差异使前针床的织片向外凸起，形成凸条。

- 51 -

这种包裹的、上下封闭的凸条称为闭口凸条。闭口凸条可以是单色的，也可以是带单面虚线的提花，还可以做成局部的。图3－70所示为一个局部编织与虚线提花凸条和局部凸条相结合编织的织物。

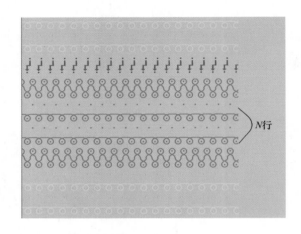

图3－69　闭口凸条编织图

图3－70　闭口提花凸条和局部凸条相结合

提花凸条与闭口凸条的编织原理相同，其编织图如图3－71所示。如果将闭口凸条做成局部的，编织图如图3－72所示。编织局部闭口凸条时需要注意以下事项。

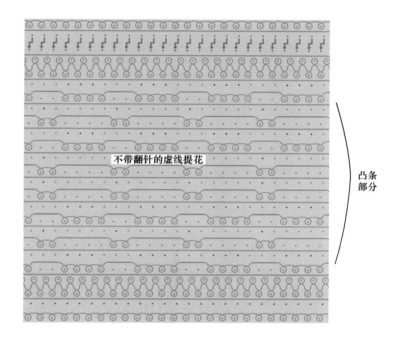

不带翻针的虚线提花

凸条
部分

图 3 – 71　提花凸条编织图

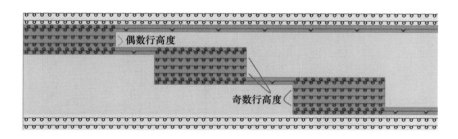

偶数行高度

奇数行高度

图 3 – 72　局部闭口凸条编织图

①前几个凸条单面编织部分为奇数行高，这样能保证编织时机头的方向正确。

②最后一个凸条单面编织部分为偶数行高，使得导纱器归位到带出时的一侧，图 3 – 72 为右侧。

③一个凸条的起始行与它前面形成的凸条的结束行在同一行上画图，之间连接可以使用集圈加浮线的方式。

局部闭口凸条织物效果如图 3 – 73 所示。

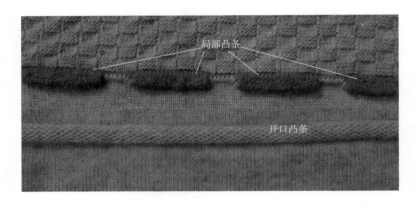

图 3 – 73　局部闭口凸条织物

（2）织物特性。凸条织物地组织为单面时具有卷边性；凸条立体感强，花色变化大，便于设计师更好发挥；凸条的地方织物比较厚，所编织的行数在应用到成形织物时，注意与工艺中的行数对应，即凸条的行数不能算作模型的行数。图 3 – 73 所示的闭口凸条织物，凸条编织的行数只占工艺中的 2 行。

图 3 – 74 所示为闭口凸条运用在童裙上的效果。

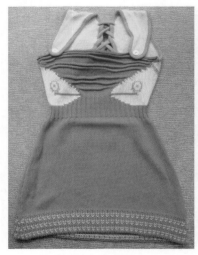

（a）童裙整体效果

（b）凸条局部

图 3 – 74　闭口凸条在童裙中的应用

（3）编织密度。闭口凸条的编织由单面和双面组成，所以编织四平织物的密度小于单面平针的密度。

2. 开口凸条

（1）组织结构。

①编织开口凸条前，前针床线圈都翻到后针床上。这既可以通过一次翻针达到，也可以通过在后针床编织地组织来达到。

②因为凸条起针是在空针床上进行的，所以前两行必须使用一隔一出针来编织。

③因为此时牵拉不能起作用，所以前两行的密度要紧密，后面其他行密度基本同单面编织的密度。

开口凸条的编织如图 3-75 所示。

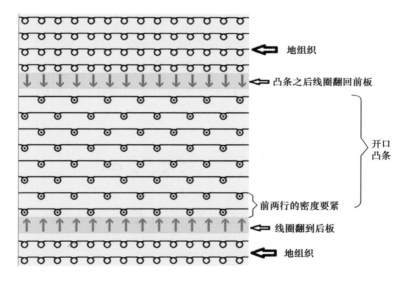

图 3-75　前针床地组织上开口凸条的编织图

（2）织物特性。因为开口凸条是在单针床上编织，织物具有卷边性，通常看到的是凸条卷起后的反面结构。

图 3-76 所示为凸条左侧被拉开的情况。由于这个开口凸条是在前针床一隔一出针进行编织的，可以看到间隔的小浮线。

图 3 - 76　前针床地组织上开口凸条织物

另外一种编织方法如图 3 - 77 所示，地组织为反针。其中图 3 - 75、图 3 - 77 中的图标：⌀代表不会自动进行翻针的前针床编织线圈；⌀代表可以根据前后行的线圈进行自动翻针的前针床编织线圈；⌀代表可以根据前后行的线圈进行自动翻针的后针床编织线圈；↑代表线圈从前针床向后针床翻针；↓代表线圈从后针床向前针床翻针。

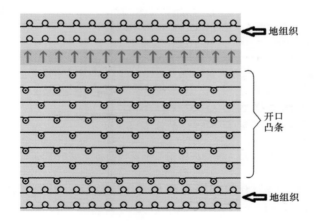

图 3 - 77　后针床地组织的开口凸条编织图

凸条之后，如果是反针，则使用↑线圈向后翻针；如果地组织是前针床线圈，则使用↓使线圈向前针床翻针。

图 3 – 78 所示是开口凸条地组织为后针床编织的反针组织，凸条结束后的组织为前针床编织的正针组织。

图 3 – 78　反面线圈做地组织的开口凸条织物

3. 波浪凸条

（1）组织结构。波浪是由前针床与后针床连接的位置高低不同而形成的。

①闭口波浪凸条。局部编织如图 3 – 79 所示。

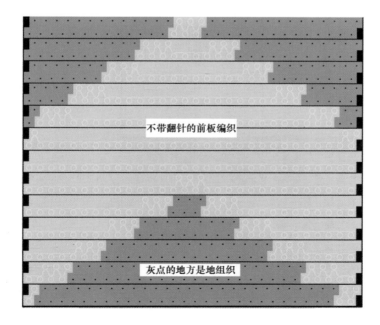

图 3 – 79　闭口波浪凸条编织图

闭口波浪凸条织物效果如图 3 - 80 所示。

图 3 - 80　闭口波浪凸条织物

在编织这种闭口波浪凸条时需要注意，由于在一些编织行中，四平线圈▊和单面前针床线圈▂同在一行上，密度的设置就需要特别注意。这时可通过减小后针床线圈的密度来调整四平的密度。一般情况是，前针床紧于正常的单面编织密度，后针床松于罗纹密度。波浪的倾斜程度也是由四平线圈的位置来决定的。

②开口波浪凸条。为了让编织图说明清楚，使用不同颜色显示。真正编织时，绿色和蓝色部分是用同一根纱线完成的，即实际是一种颜色。而下面的粉色凸条部分可以使用与上面颜色一致或不一致的颜色，行数的多少决定了凸条的宽窄，如图 3 - 81 所示。

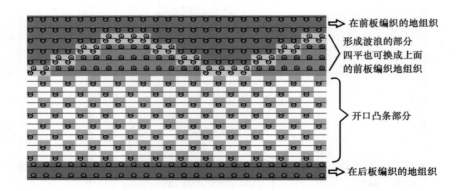

图 3 - 81　开口波浪凸条编织图

其中，▣代表的是在后针床编织的地组织；▣代表的是（不自动翻针的）前针床编织；▢代表的是浮线；▣代表的是（不自动翻针的）后针床编织；▣代表的是（可自动翻针的）前针床编织；▣代表四平线圈（也可直接换成使用▣，便于调控密度）。

需要注意的是，所谓"自动翻针"，例如▣，就是检查这个线圈编织之前的状况，如果后针床有线圈，则先将后针床的线圈自动翻到前针床，然后再编织前针床线圈；如果后针床没有线圈则不翻针。

所谓"不自动翻针"，例如▣，即使在这个线圈的前一行有后针床线圈，也不做翻针动作。

简单说：▣ + ↓ = ▣。

后针床上的编织原理也相同，▣ = ↑ + ▣。

开口波浪凸条织物实际效果如图 3 - 82 所示。

图 3 - 82　开口波浪凸条织物

（2）织物特性。地组织为单面时具有卷边性。凸条的地方织物比较厚。

凸起花型可在上面所述的基础凸条上进行不同变化，例如将局部编织与之相结合，大大丰富了服装的多样性，增添了服装造型的表现力，使得服装更加精致、时尚。图 3 - 83 所示裙装下摆的编织原理就是采用开口波浪凸条的编织原理。

这种凸条的编织示意图如图 3 - 84 所示，每个凸起的小坠都是分别独立编织出来的。

(a)整体效果　　　　　　　　　　　　(b)局部效果

图 3－83　开口波浪凸条在服装中的应用

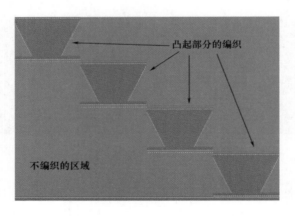

图 3－84　多个开口凸条编织示意图

（3）编织密度。地组织是单面的则按单面密度设置，在凸条的地方如果碰到四平按前面所述，可以设置不同，请参考前面章节的内容。

采用凸条的编织原理可以编织出变化的凸条织物，如图 3－85 所示。

凸条与局部提花相结合应用在服装上的效果，如图 3－86 所示。

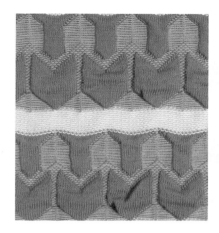
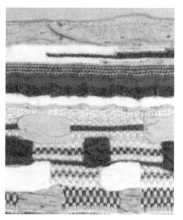

图 3 - 85 变化的凸条织物

图 3 - 86 局部提花与凸条相结合的毛衫

第四章 提花织物的编织及织物特性

提花是运用不同颜色的纱线，通过颜色的交织，编织出各种各样的图案。通常一个编织行由两种以上的颜色从头至尾编织而成。一行中的颜色数有多少就叫几色提花，例如一行中由两种颜色编织完成，就称其为两色提花。

提花织物的结构有很多种，下面介绍常见的提花织物类型。

第一节 单面浮线提花的编织及织物特性

单面浮线提花也叫虚线提花。

一、组织结构

以两色提花为例，以前针床为正面编织加以说明。当第一色在前针床进行编织时，第二色不编织，而是在第一色后面拉浮线；当第二色在前针床编织时，第一色在第二色的后面拉浮线，每种颜色编织多少针则取决于设计图案。

其编织图中两种颜色编织一行，如图4－1所示。

同理，如果是3色浮线提花，那么一种颜色在前针床编织，另外两种颜色将在其后面拉浮线，如图4－1（c）所示。

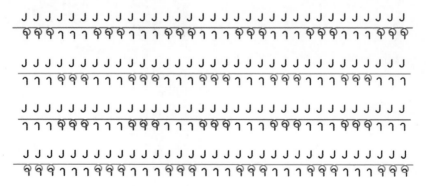

(a)两色浮线提花模拟编织图

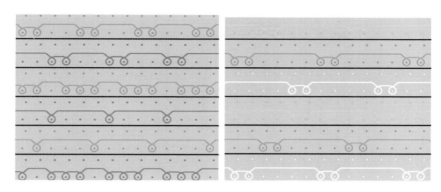

(b)两色浮线提花编织图　　　　　(c)三色浮线提花编织图

图 4 - 1　浮线提花编织图

从上面的编织图可以看出，其他颜色浮线的长短取决于本身颜色之间的间隔针数，在两色浮线提花编织图中橘红色为 3 针宽，蓝色就有 3 针距长的浮线。对于三色提花来说，白色之间有 4 针距离，所以它的浮线就有 4 针距离的长度。

由于从导纱器垫纱到织针上需要一定的角度，如果浮线过长，再进行编织时纱线就不易垫入针钩，这样将产生漏针，织物上形成掉圈。因此，在设计浮线提花花型时，切记不要设计大色块图案。如果不得不设计这样的图案，我们要通过中间加挂集圈来改善过长的浮线，如图 4 - 2 所示的编织图。

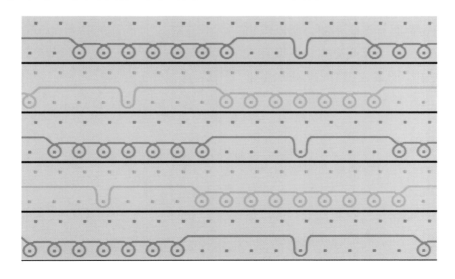

图 4 - 2　两色过长浮线提花的编织图

图4-3所示是一块两色浮线提花织物。

(a) 织物正面   (b) 织物反面

图4-3 两色浮线提花织物

二、织物特性

浮线提花织物只在一个针床上进行编织，所以属于单面提花，织物厚度比双面提花织物薄，相对节省纱线；织物背面有浮线牵制，所以织物弹性较小。由于浮线原因，花型具有局限性（小图案）。浮线提花常用于编织儿童毛衫和帽子、围巾等。

三、编织密度

浮线提花织物与单面织物编织密度基本相同。

浮线提花与绞花相结合，可以编织出更具多样的织物，如图4-4所示，这种结构是两种颜色分别在前针床编织时，不编织的颜色在后面拉浮线。

图4-4 两色浮线提花与绞花相结合的花型

两色浮线提花与绞花相结合的编织如图4-5所示，红色代表的是图4-4织物中的白色纱线，蓝色代表的是图4-4织物中的灰色纱线。

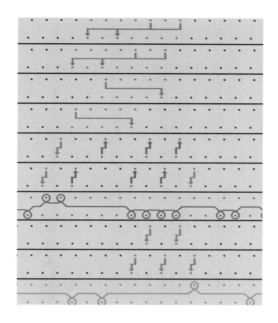

图4-5 两色浮线绞花编织图

第二节 双面提花的编织及织物特性

由于单面提花对花型大小要求具有局限性，如果想要设计较大的、无规则的花型，常常运用双面提花来实现。但双面提花花型相对于单面提花而言，织物厚重、用纱量多。

双面提花花型的正面图案基本可以任意设计，反面结构可以分成不同类型。下面就常见双面提花织物的反面类型进行说明。

一、背面横条双面提花

1. 组织结构 编织时，正面的花型按设计图案编织，反面的走针方式为：每种颜色在后针床所有织针都进行编织。前针床编织1个花型行（两个颜色），后针床编织2行，所以正反面线圈比是1:2。如果是三色提花：前针床编织1行花型（三个颜色），则后针床编织 3 行，所以线圈比是 1：3；四色提花：前针床编织 1 行（四色），则后针床编织 4 行，所以正反面线圈比是 1：4。

背面横条两色两面提花编织如图 4-6 所示，"《《"代表的是机头从右向左运行方向；"》》"是机头从左向右的运行方向。

图 4-6　两色背面横条提花编织图

背面横条两色双面提花织物如图 4-7 所示。

(a)织物正面

(b)织物反面

图 4-7　背面横条两色双面提花织物

2. 织物特性　织物在两个针床上编织，不卷边；织物比单面平针厚。常用于外衣等结构的编织。

3. 编织密度　前针床密度小于普通单面编织密度（STOLL 横机上可设置为11.0），后针床大于四平密度，小于前针床密度（STOLL 横机上通常设置为10.5）。

由于颜色越多，正反面的线圈比就越悬殊，所以超过三色后通常就不采用横条结构了。

二、背面芝麻点双面提花

1. 组织结构　所谓芝麻点，是因为背面的颜色交错排列，点点滴滴，好像芝麻似的分布，如图 4 - 8 所示。

 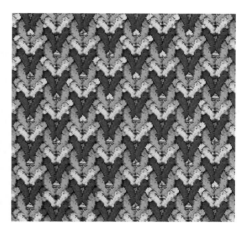

(a)两色芝麻点　　　　　　　　　　　　　(b)三色芝麻点

图 4 - 8　背面芝麻点双面提花背面织物模拟图

背面芝麻点双面提花的编织如图 4 - 9 所示。

三色背面芝麻点双面提花织物如图 4 - 10 所示。

2. 织物特性　背面芝麻点双面提花织物无卷边性，由于背面的出针方式为一隔一，所以前后针床的线圈数之比要比背面横条提花织物结构小，所以也就尽可能地减少露底现象（正面线圈密度松，显露出背面花的颜色，这种情况称为露底）。

3. 编织密度　背面芝麻点双面提花织物的编织密度与背面横条提花织物的密度接近。

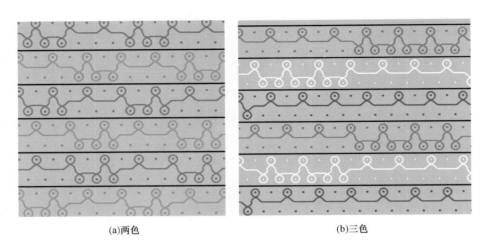

(a)两色　　　　　　　　　　　　　　　(b)三色

图4－9　背面芝麻点双面提花编织图

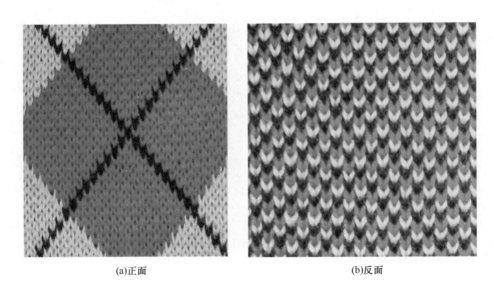

(a)正面　　　　　　　　　　　　　　　(b)反面

图4－10　三色背面芝麻点双面提花织物

三、空气层双面提花

1. 组织结构　编织空气层双面提花织物时，一种颜色在前针床编织，其他颜色在其后面编织，这样织物间能形成空气层，花型颜色的面积越大，这个空气层就越大。以两色空气层双面提花为例，编织如图4－11所示。

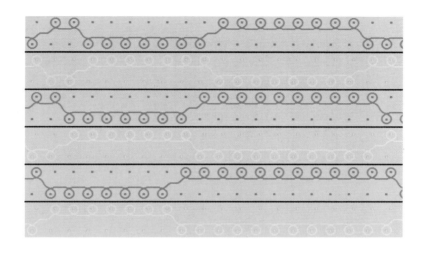

图 4 – 11　两色空气层双面提花编织图

图 4 – 11 是背面所有织针都参加编织的情形。从图 4 – 11 中也可以看出，两色空气层提花织物正反两面花型颜色相反，如图 4 – 12 所示。

　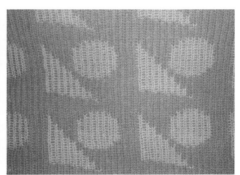

(a)正面　　　　　　　　　　　　　　　　(b)反面

图 4 – 12　两色空气层提花织物

为了节省纱线，还可以采取反面隔针出针编织，例如 1 隔 1 [1 针编织 1 针空，如图 4 – 12（b）所示]、1 隔 2（1 针编织 2 针空）、1 隔 3（1 针编织 3 针空）等。

空气层提花织物反面几种隔针编织的模拟视图如图 4 – 13 所示。

超过两色时，反面编织的颜色就按芝麻点排列来编织。图 4 – 14 是一个正面为三色的空气层提花织物：一色在前针床编织，另外两个颜色在后针床按芝麻点排列 1×1 出针编织。

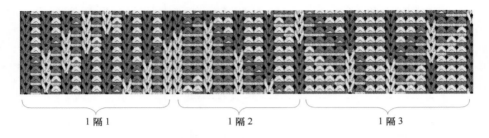

图 4-13　空气层提花织物反面几种隔针编织的模拟视图

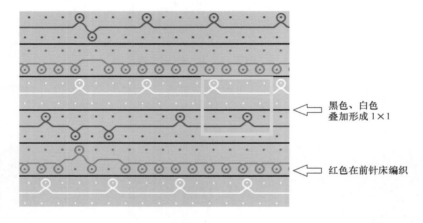

← 黑色、白色叠加形成 1×1

← 红色在前针床编织

图 4-14　三色空气层提花织物反面 1 隔 1 结构的编织图

从图 4-14 中可以看出，反面的两个颜色叠加成为 1 隔 1，而每个颜色则为 1 隔 3 出针。需要注意的是，颜色数越多，每个颜色隔针就越多，即浮线越长。图 4-15 所示为四色空气层提花织物背面 1 隔 1 出针的编织图。

图 4-16 所示为三色空气层提花织物反面 1×1 的效果。

2. 织物特性　空气层双面提花织物比单面织物厚，织物间可向两个方向部分拉开。两色空气层提花织物反面都出针编织时，正反面花型的颜色正好相反。通常在空气层提花织物中加根弹力线做成衣服的领子，也用于大身花型。

3. 编织密度　空气层双面提花织物的编织密度与单面织物接近（STOLL 横机上使用 12.0）。

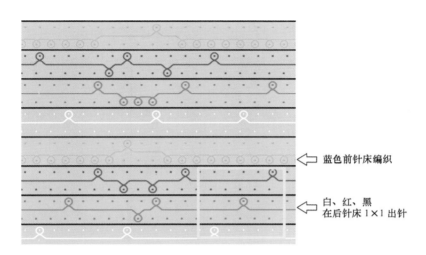

　　　　　　　　　　　　　　　　　　　　　　　　　　⇦ 蓝色前针床编织

　　　　　　　　　　　　　　　　　　　　　　　　　　⇦ 白、红、黑
　　　　　　　　　　　　　　　　　　　　　　　　　　　在后针床1×1出针

图4-15　四色空气层提花织物反面1隔1结构编织图

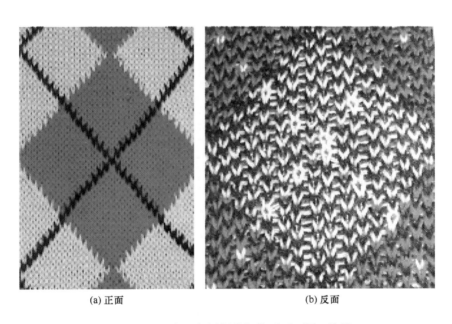

(a) 正面　　　　　　　　　　　　　　　　(b) 反面

图4-16　三色空气层提花织物反面1隔1效果

四、带有翻针的双面提花

　　1. 组织结构　为了使提花织物更具立体感，可以将双面编织的提花织物某些位置的织针向后翻针，然后在后针床编织，需要时再返回前针床继续编织。

图4-17（a）中箭头所指的区域就是在后针床编织芝麻点，而前针床线圈在此前就移到了后针床；图4-17（b）所示为该织物的反面。

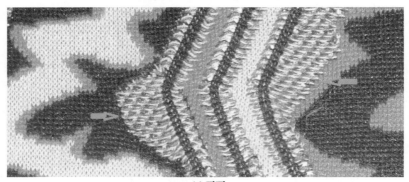

(a) 正面

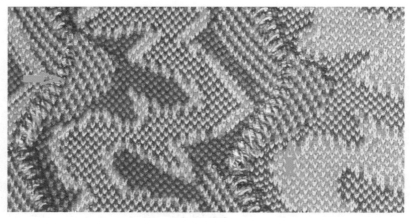

(b) 反面

4-17　三色芝麻点带翻针提花织物

这种织物的反面结构也可有很多种形式，下面就是几种不同结构的编织图和织物效果图。

（1）主体结构为空气层提花，显露的区域为1隔1芝麻点。这部分结构翻针后，织针只在后针床上进行1隔1编织。图4-18是其编织图，图4-19所示为该织物的模拟视图。

（2）主体结构为反面横条提花，露出部分为背面横条。从编织图4-20上可以看出，翻过去的织针只在后针床上满针编织。图4-21所示为该织物的模拟视图。

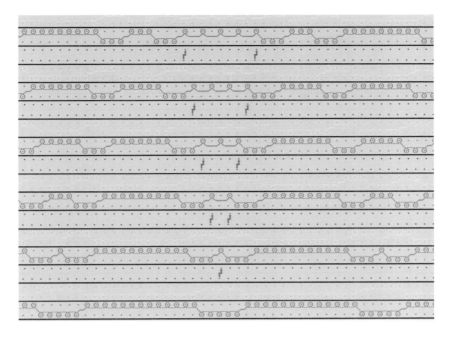

图4-18 两色空气层翻针提花织物露反面芝麻点结构的编织图

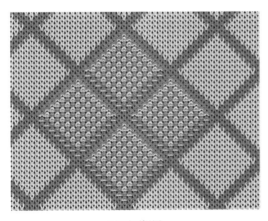

(a) 正面视图

(b) 反面视图

图4-19 两色空气层翻针提花织物露反面芝麻点结构的织物模拟图

（3）主体结构为反面芝麻点，露出部分与（1）中的一样是芝麻点结构，编织如图4-22所示。翻过去的织针只在后针床1隔1编织，形成芝麻点。该织物的模拟效果图如图4-23所示，正面效果与（1）中相同。

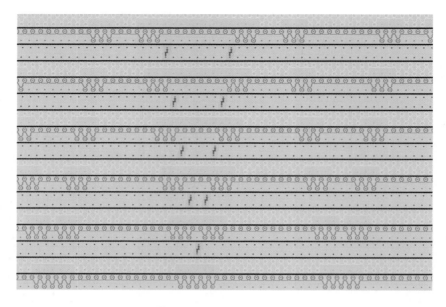

图 4 - 20　两色反面横条提花织物露横条结构的编织图

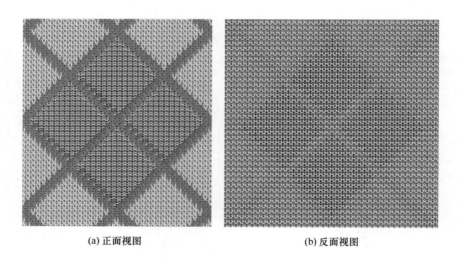

(a) 正面视图　　　　　　　　　　　　　(b) 反面视图

图 4 - 21　两色反面横条提花织物露横条结构的模拟图

2. 织物特性　带有翻针的双面提花织物的地组织厚度与提花织物一样，翻针的地方较薄，织物呈现立体感。与双面提花织物一样，该织物伸缩性小，适合做厚重的外套。

3. 编织密度　编织这类织物主要按主体结构的提花密度来编织。

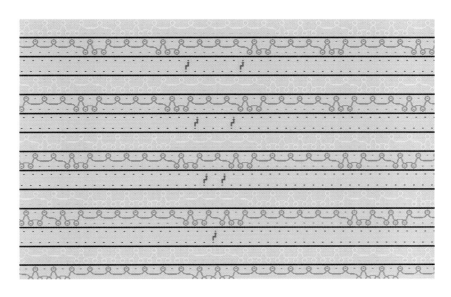

图 4-22　两色芝麻点提花织物露芝麻点结构的编织图

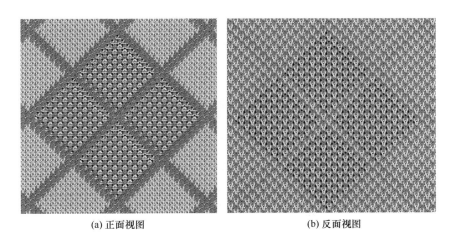

(a) 正面视图　　　　　　　　　　　　(b) 反面视图

图 4-23　两色芝麻点提花织物露芝麻点结构的织物模拟图

五、后针床线圈1×1翻针的双面提花

1. 组织结构　这种提花的编织方式是：首先按反面1隔1出针分两行完成空气层编织，且两行出针交错，呈芝麻点式排列；接下来，后针床线圈再分两次1隔1向前针床翻；随后，每编织一个花型行，就1隔1翻针一次。编织图如图4-24所示。

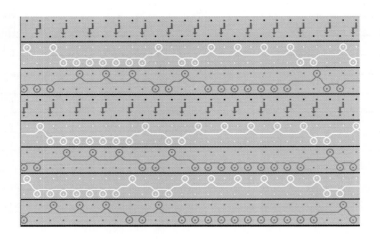

图 4 - 24　后针床线圈 1×1 翻针的双面提花编织图

　　这种结构的提花织物比不翻针的空气层织物薄，手感柔软，有添纱织物的效果。该织物效果如图 4 - 25 所示。这种提花结构的编织密度与单面平针差不多，故织物也有单面织物的卷边性。

　　提花的结构多种多样，在此不一一赘述。一件衣服上可以同时使用多种提花，也可结合单色结构花型使用，尽可发挥设计师的丰富想象。

(a) 正面

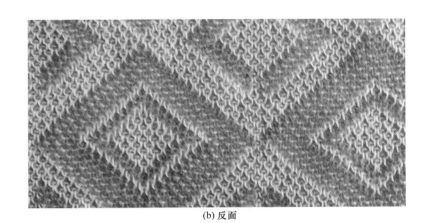

(b) 反面

图 4 - 25 空气层 1 × 1 翻针的提花织物

2. 应用 图 4 - 26 所示为提花在服装上的应用。

图 4 - 26

图 4 - 26　提花在服装上的应用

第五章　嵌花（挂毛）织物的编织

双面提花织物的花型设计范围大，但由于是双面，使用原料多，服装较厚重，因此很多花型采用嵌花的方式来编织。嵌花的编织原理是：每种色纱的导纱器只在自己的颜色区域内垫纱，区域内垫纱后，将导纱器留下，直到下一横列机头返回时再带动编织，在同一横列的边缘另一导纱器将继续编织这一行。以STOLL电脑横机为例，编织嵌花可以使用嵌花导纱器，专门的嵌花导纱器可以左右摆动，目的是让出空间给相邻颜色的导纱器继续编织而避免相撞。

嵌花织物大多是单面编织，这样就克服了双面提花织物过于厚重的问题，比较适合价格昂贵的原料。当然在特殊需要时，也可进行局部的双面提花。图5-1所示为几种单面嵌花织物。

图5-1　单面嵌花织物

第一节　色块连接及纱线引入、引出方式

一、色块之间的连接

由于编织嵌花时，每种颜色的纱线仅在自身颜色区域内垫纱，那么色块之间的连接就需要特定的设计，既要保证色块之间相连，又要使连接的地方不破坏原来的花型图案效果。通常连接的地方采用 1 针集圈，这种方式的编织如图 5 - 2 所示，其中红色圈中的前针床集圈动作就是用来完成两相邻色块之间的连接之用的。

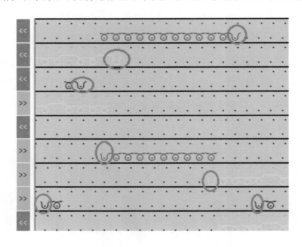

图 5 - 2　嵌花色块之间连接的编织图

由于采用集圈在相邻的颜色编织，所以不会显露在织物表面。图 5 - 3 所示是织物的正反面连接效果的对比情况。

(a) 织物正面连接效果

(b) 织物反面连接效果

图 5 - 3　嵌花织物色块之间的连接

相反，如果将嵌花织物色块间连接的集圈部分取消，就可设计出意想不到的开口效果。如图 5 - 4 所示，开口的地方，左右两部分需要各用 1 把导纱器来编织。

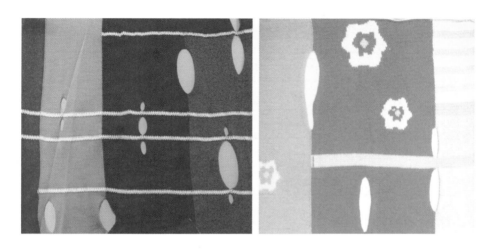

图 5 - 4　嵌花织物取消色块间连接时的效果

二、纱线引入、引出方式

从图 5 - 5 中可以看到，嵌花花型中间起始编织的颜色，例如蓝色斜线和棕色菱形块的纱线，由于起始编织针要从黄颜色中间开始，而一般机器的导纱器起始点又在针床的两侧，因为距离长，不可能让导纱器直接等到需要出针的地方才来垫纱，所以首先将这些纱线经过黄颜色区域引入到要编织的地方停下等待。同理，在导纱器完成编织后，也需要引出。但引入、引出纱线的地方，又不能破坏原有的花型，所以需要"隐蔽式"编织。下面介绍两种常见的引入、引出方式。

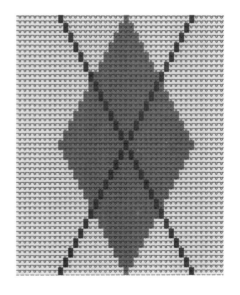

图 5 - 5　菱形块加斜线（霸线）
嵌花花型设计图

1. 浮线 + 集圈的引纱方式　浮线 + 集圈的引纱方式使用较多，就是让穿在旁边的纱线通过间隔几针浮线加 1 针集圈来进行编织，如图 5 - 6 中红色圈注的地方。由于集圈不会显露在织物正面，所以把导纱器通过这种方式引入至需要的编织起始针位置后，再按图案进行正常编织。

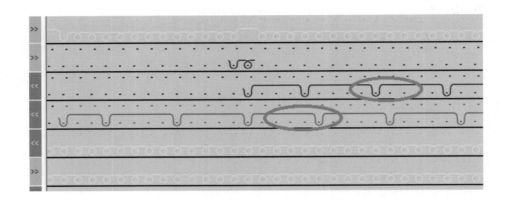

图 5 - 6　浮线 + 集圈的引纱方式编织图

采用这种引纱方式编织的织物反面效果如图 5 - 7 所示。

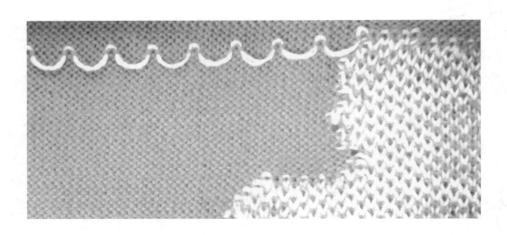

图 5 - 7　采用浮线 + 集圈引纱方式编织的织物反面

这种方式的缺点是：下机后的织物需要由工人拆去多余的纱线并掩藏线头，虽然集圈一般不显露在正面，但集圈多了，也会造成布面有大线圈出现的情况，使布面外观变"花"。

2. 在后针床成圈再脱圈的引纱方式 采用这种方式的编织图如图5-8所示。

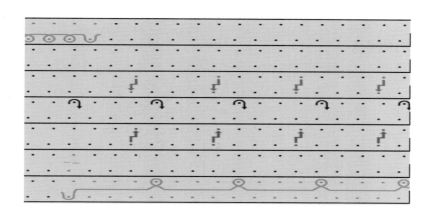

图5-8 后针床成圈再脱圈的引纱方式编织图

从旁边引入到中间编织区域的纱线，通过后针床成圈，让旁边的线圈采用向后翻针、向前翻针的动作来压住引进的这根纱线。编织的线圈经过脱圈，独立于织物之外，最后带进去的这根纱线就类似于浮线挂在织物后面。织物下机后直接剪断、藏头处理。

图5-9 后针床成圈再脱圈的引纱方式织物模拟图

采用这种引纱方式省去了拆线过程，更适合颜色比较多的编织情况，特别是纱线在空针上起圈不会影响原有的织物线圈，布面效果更好。

实际生产中，也可以自行设计不同的方式，将这些方式通过建模块的方式组合好，然后再应用。

第二节　纱头打结和合并系统编织

一、纱头打结编织

前面说过，下机后的嵌花织物，需要在后道工序对从中间开始起针的颜色纱线进行藏头处理，防止脱散。为此也可以直接编织出一个"结"，从而省去藏头工序。这个结的编织原理就是让引入或引出的纱线经过翻针等动作，使得纱线在剪断后纱头不会轻易滑脱。图5-10中黄色圈住的部分就是一种"结"的编织图。

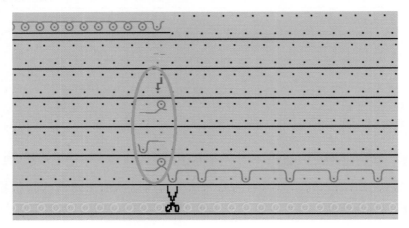

图5-10　纱头打结的编织图

如图5-10所示，通过前针床集圈 █、后针床编织 █、向前翻针 █ 这几行动作的处理，使得线圈牢固地串套，即使剪断红色引入纱线，线头也不易被拉出，可以省去"藏头"工序。

实际生产中，设计人员可根据需要进行选择。引出纱线的打结原理与此相同。打结同样可以根据自己需要的动作建成模块，然后应用到引入、引出纱线的地方。

二、合并系统编织

嵌花产品特别是单面嵌花产品，在一行中使用了多少种颜色设计，就意味着要用多少把导纱器来编织。即便不相邻的地方画上了同一颜色，导纱器也需要另外给出。图5-11所示为一个简单的8色单面纵条嵌花，这个花型就要使用8把导纱器来完成编织。

图 5 – 11　8 色嵌花花型示意图

　　而电脑横机的系统数（即三角系统）是有限的。以 STOLL 电脑横机为例，最多一种机型有六个编织系统。国内多数企业使用的电脑横机多为两个系统或三个系统。如果每个系统只带一把导纱器，假设导纱器放在同一侧，那么两个系统的横机就需要至少四个动程，三个系统的横机需要三个动程来完成编织，并且还要有空程才能完成一行八色的编织。

　　图 5 – 12 所示为假设导纱器都放在右侧，且被三个系统横机满负荷带出时的编织示意图，箭头代表机头运行方向。三个系统横机每个动程中最多编织三种色纱。而带过去三种色纱后，机头需空程折返列右侧，去带动另外的色纱继续编织。

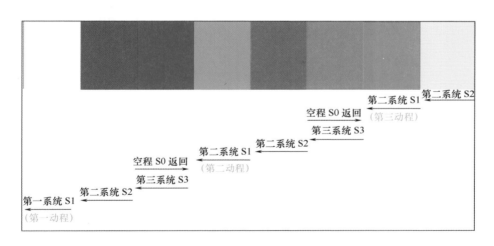

图 5 – 12　8 色嵌花未使用合并系统的编织示意图

　　为了提高效率，要根据导纱器本身的宽窄，将间隔距离足够大的导纱器合并使用同一系统编织，从而减少编织动程，缩短编织时间。

以 STOLL 横机的嵌花导纱器尺寸为例。两个相邻导纱器中心距离为 4 英寸（1 英寸 = 25.4mm），导纱器嘴摇摆后宽度为 1 英寸，三者相加总共为 6 英寸，如图 5 – 13 （a） 所示。

当两个色块之间的距离大于 1 英寸时，可以将它们合并在同一系统（放在不同轨道上），如果放在同一导纱器轨道且向同一方向带纱的话，色块之间的距离至少要有 4 英寸；如果导纱器运行相反，必须大于 6 英寸，如图 5 – 13 （b） 所示。

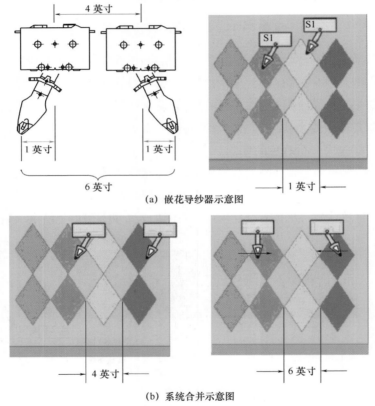

(a) 嵌花导纱器示意图

(b) 系统合并示意图

5 – 13　导纱器合并编织示意图

图 5 – 13 （b） 所示的彩条，使用三个系统的机器编织，合并前的编织图如图 5 – 14 所示。其中左侧列上 << （紫色）代表的是机头从右向左的运动方向；>> （绿色）代表的是机头从左向右的运动方向；在另一列中，S1 （浅蓝色）代表第一系统；S2 （深蓝色）代表的是第二系统；S3 （粉色）代表的是第三系统；S0 （白色）代表的是空程。

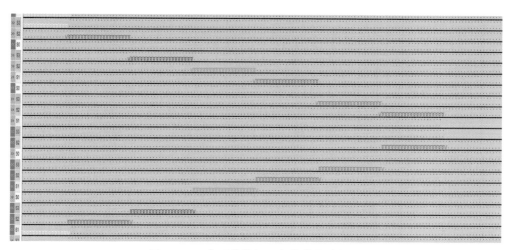

图 5 – 14 分系统编织 8 色嵌花的编织图

当根据色块的宽窄尽可能地将它们合并之后的编织图如图 5 – 15 所示。

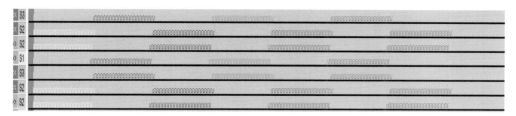

图 5 – 15 合并系统编织 8 色嵌花的编织图

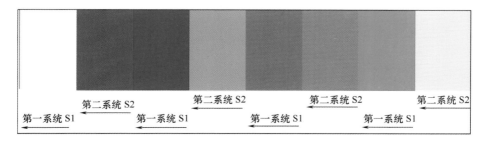

图 5 – 16 8 色嵌花编织合并系统后的示意图

其中白、蓝、棕、红合并在第一系统，黑、绿、粉、黄合并在第二系统，一个动程即可完成整行编织，没有空程（合并在一个系统中的各种颜色的宽度至少大于 1 英寸，对 12 针的机器来说要至少 12 针以上），缩短了编织时间。

由此可以看出，合并系统编织将大大提高横机的编织效率。

第三节　局部提花

一、局部双面提花

编织嵌花的导纱器数量取决于花型的颜色数。在编织嵌花织物时，有些图案的颜色可能设计得太细小，由于横机的导纱器数量有限，而且导纱器本身具有一定的宽度，可将这种花型在嵌花的基础上设计成局部的双面提花。这样既可减少导纱器的实际使用数量，又可减少垫纱困难造成的漏针，从而提高布面的质量。

如图5-17所示的熊猫花型，如果全部做成单面嵌花，从黑线标注的部分看，需要使用11把导纱器（图5-17中1~11）来编织，不但需要导纱器的数量多，而且由于部分地方只有1列或2列，编织也比较困难。

图5-17　熊猫花型嵌花图案

如果把熊猫花型部分设置成两色双面提花（芝麻点、空气层或其他提花结构），由于双面提花编织的原理是不在正面出现的颜色，仍然会在反面编织，因此，熊猫花型两边仍设计成单面结构，以减少用纱量，这样只需要使用2把导纱器就可完成编织。图5-18所示为熊猫花型按空气层提花反面1隔2出针编织的织物反面效果图。

通过局部双面提花的灵活运用，嵌花的花型设计更加多样化，更适应市场千变万化的产品需求。嵌花加局部双面提花在织物中的应用如图5-19所示。

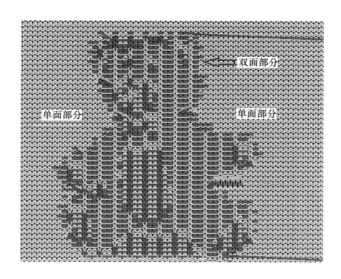

图 5 - 18 嵌花附带空气层提花反面 1×2 出针织物反面模拟图

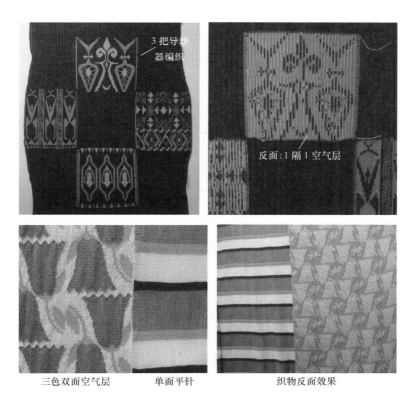

图 5 - 19

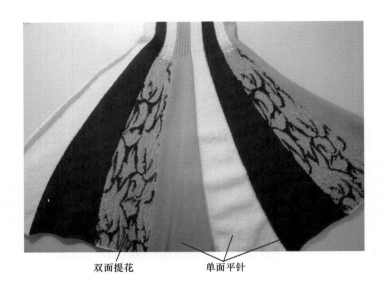

双面提花　　　　单面平针

图 5 - 19　嵌花加局部双面提花在织物中的应用

二、局部单面虚线提花

　　菱形块带斜挑线是嵌花产品中的经典设计图案。如果这类花型不做任何处理，势必需要很多把导纱器。从图 5 - 20 所示可以看出，一个菱形块加两条交叉线的花型要使用 7 把导纱器（图 5 - 20 中 1～7）。

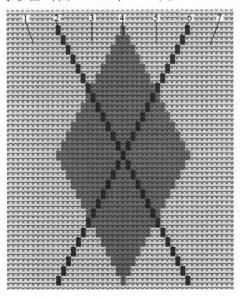

图 5 - 20　菱形块带斜挑线嵌花花型

挑线部分只有 1 针宽，如果把两边部分的颜色设计成浮线从挑线后面带过，这样两边原本需要 2 把导纱器编织的部分就可以用 1 把导纱器来完成。图 5 - 20 所示的嵌花花型只需要 5 把导纱器就可完成，比原来少用了 2 把导纱器，如图 5 - 21 所示，也就是说嵌花与局部单面虚线提花相结合节省了 2 把导纱器。

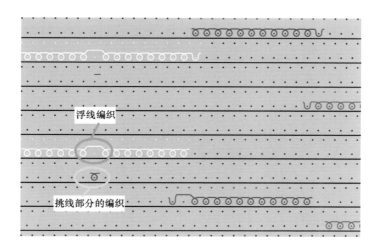

图 5 - 21 嵌花中虚线提花运用举例编织图

第六章　电脑横机全成形编织

为了节省原料，将衣片按一定的工艺（吓数）进行收针（减针）、放针（加针），使衣片完全按照需要的款式形状进行编织，有宽有窄，这就是全成形编织。图6-1所示为全成形编织的衣片。

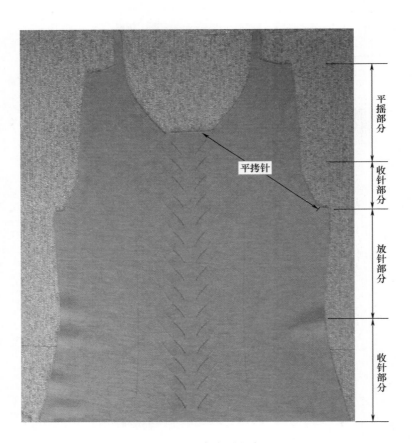

图6-1　全成形衣片

第一节　收针

编织过程中，某些原本编织的织针退出工作，这些针上的线圈不是直接脱去，那样会产生脱散，而是转移到旁边工作的织针上。双针床横机就需要将这些织针上的线圈翻到对面针床的织针上，然后通过后针床横移再翻回本针床旁边的织针上。编织原理如前面提到的挑孔花型的编织原理。

当衣片对称时，左右两边动作完全相同，只是横移方向相反。一般单面结构的织片一次最多收 3 针，有少部分一次收 4 针的。双面结构的织物通常一次只收 1 针。

收针分为明收针和暗收针，如图 6 - 2 所示。

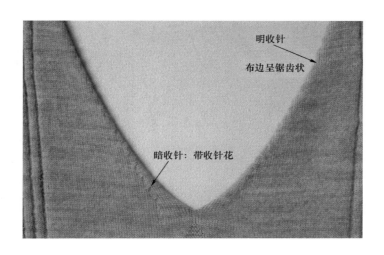

图 6 - 2　明收针和暗收针

收针的实质是移圈，其是将衣片横向相联的边缘针圈，按照工艺要求进行并合移圈，再将并合移圈后的空针退出编织区域，使衣片的横向编织针数逐渐减少，以达到减幅的目的。收针又分为暗收针和明收针两种。

一、明收针

明收针是将最外边需要收针的织针上的线圈直接向里移到相邻近的织针上，使边缘线圈重叠的收针过程。由于边缘线圈重叠，使得布边缘呈锯齿状。

二、暗收针

将需要收针的织针上的线圈连同边部其他织针上的线圈一起向里平移，使收针后衣片最边缘织针上不呈现重叠线圈的收针方式，称为暗收针。由于重叠的线圈在里边，边缘织针上不呈现重叠线圈，所以外边缘线圈保持整齐，且重叠的线圈像"花"一样排列在边缘内侧。也就是说，暗收针不但收针的织针要动作，旁边的织针也要一起动作，这些参加收针的针数称为"收针数"（手摇横机称为"目针数"），其数量由"收针辫子数"来决定。例如，要做一个暗收 3 针的且在外边缘保留 3 条小辫子的成形编织，那么收针数就为 3 + 3 = 6 针，即要有 6 枚织针一起向内做收 3 针的动作。

图 6 - 3 所示为织物左侧暗收 3 针的编织图和织物模拟视图，为了区分起见，特意用不同颜色画出，红色为收针数为 6 的针线圈，蓝色为重叠的线圈：这样辫子针为 6 - 3 = 3 针，即 3 条小辫子。

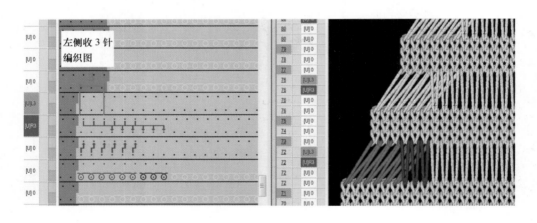

图 6 - 3　织物左侧暗收 3 针的编织图（左）和织物模拟视图（右）

编织图中前针床编织的 6 枚（红色的）织针一起向后翻针，后针床向右横移 3 针[U]R3，然后使这 6 枚针再向前翻针（由于向右横移 3 针，所以表示为）。

图 6 - 4 所示的是一件暗收针袖子与暗收针的大身缝合后的毛衫效果，一般缝合需要占用 2 条小辫。暗收针的织物便于缝合，且迹线平整。

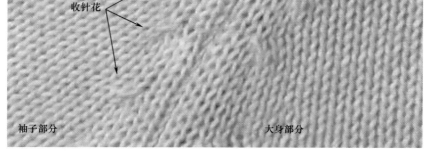

图6-4 带收针花的暗收针

第二节 放针

放针又称加针或添针。利用增加编织针数来完成增加织物宽度的过程，称为放针。放针有明放针和暗放针之分。

一、明放针

使需放针的织针直接进入编织区，不进行移圈而使其参加编织的放针方法叫明放针。在织物的外边缘，增加工作的织针，通常是1枚织针，从而使织物加宽。如图6-5所示，为了更好地说明"明放针"的情况，特别用不同颜色标出放针线圈。

由于织针要在没有旧线圈的空针上开始起针，要保证加针安全，应该考虑机头的运行方向，使织物的两侧加针不在同一行上，即当机头从左向右→运行时，在左侧加针；当机头从右向左←运行时，在右侧加针。否则，如果机头从右向左行驶时在左侧加了针，尽管此时织针垫上了新的纱线，但由于没有旧线圈的串套，纱线只能像集圈一样挂在针钩上。而随即机头折返向右行驶，原本被加上的织针又起针脱圈，在针钩中的纱线脱出织针。如图6-6的编织图所示。

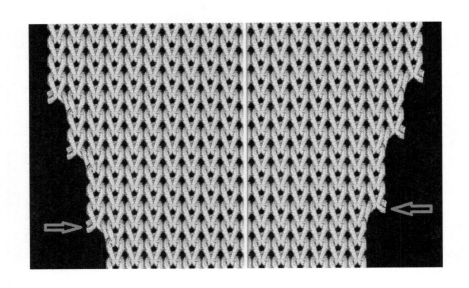

图6-5　左右放针的模拟织物视图

机头方向

被脱掉 ⟶

新加针的地方 ⟶

图6-6　具有方向性的明放针编织图

为了减少程序设计人员每个加针行上都考虑机头方向的麻烦，可以设计成在加针的下一行不出针（拉浮线）的方式。这样不管机头方向如何，刚加上的线圈都不会脱掉，如图6-7的编织图所示，实际生产中也可以做成模块，直接调用。

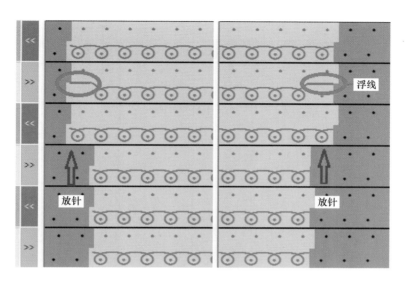

图6－7　不考虑方向的明放针编织图

二、暗放针

暗放针的原理与暗收针相同，加针时不是在最外侧，而是若干枚针同时向外移动，在里面空出的织针上垫纱成圈。暗放针的编织图和织物模拟视图如图6－8所示，为了便于说明，用红色线圈代表被移动的线圈，绿色的代表新放出来的线圈。

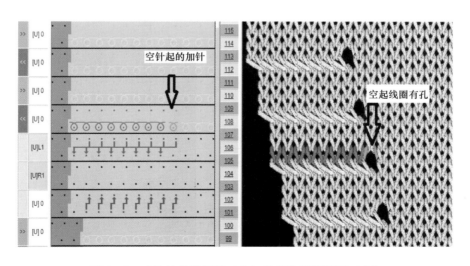

图6－8　暗放针的编织图（左）和织物模拟视图（右）

图 6-9　暗放针在织物上形成的孔洞

在生产中，可以利用暗放针在内侧出现的记号，形成特殊的收腰迹线效果；也可以利用暗放针形成的孔洞，使织物形成特殊的孔洞效果，如图 6-9 所示。

根据需要，有时不能使暗放针在织物上形成孔洞，因此要想办法去补这个孔洞。补洞的方法有几种，下面以左侧放针为例加以说明。

1. 采用四平线圈补洞　如图 6-10 所示。

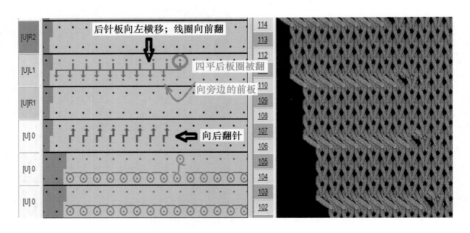

图 6-10　利用四平线圈补洞的编织图（左）和织物模拟视图（右）

在放针最内侧的织针旁，编织一个四平线圈 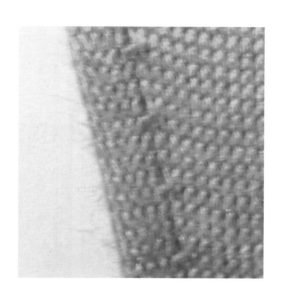，参加放针的织针上的线圈向后翻针 ，后针床线圈通过后针床向左侧横移 1 个针距（ ）后，这些线圈向前针床翻针 ，翻针时四平线圈的前针床线圈保持不动，后针床线圈与放针那些针一起向前翻到它左侧的空针上，这样就可弥补原先只在空针上直接起针形成的孔洞。为了说明清楚，用红色画出四平线圈 。

由于四平补洞的方式，后针床的线圈也是从空针上起针编织的，所以仍能看出孔洞的痕迹（图 6 - 11）。

图 6 - 11　采用四平补洞的暗放针织物

2. 采用分针补洞　以 STOLL 电脑横机上的分针为例，将原来在织针上的旧线圈翻向另一针床，与此同时，翻掉线圈的织针上又垫上了新的纱线，即从旧线圈中又分出一个新线圈，如图 6 - 12 所示。

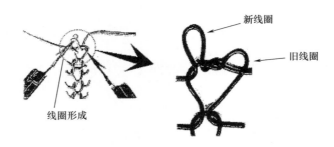

新线圈

旧线圈

线圈形成

图 6 - 12　分针线圈编织示意图

那么按照上面四平线圈补洞的方法，把四平线圈换成分针线圈 ![分针符号]（原先前针床上的旧线圈向后针床翻，在前针床形成新线圈），根据分针的原理，分出的线圈不像四平空起针那样呈集圈形式挂在后针床上，所以织物外观比四平线圈补洞的要紧密。

左右两侧放针时的翻针合并后如图 6 - 13 所示（ [U]R1 表示后针床向右横移 1个针距），采用分针补洞，织物的孔洞基本看不见。

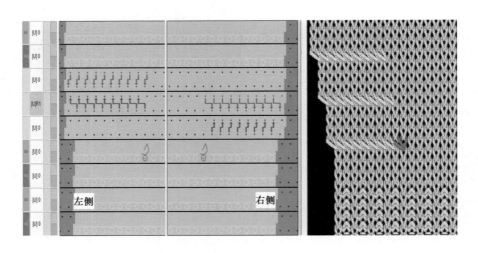

左侧　　　　　　　　　右侧

图 6 - 13　分针补洞的暗放针编织图（左）和织物模拟视图（右）

3. 采用换行编织减小密度的方法来补洞　这种放针过程是把翻针后的一行编织动作分解成三次编织来完成。如图 6 - 14 所示，图中红色成圈虽然是在空针上编织，但由于是单独的编织行，我们可以通过调小密度，使此线圈变小，从而达到减小孔洞的目的。使用这个方法需要注意机头运行方向，两侧放针错开。

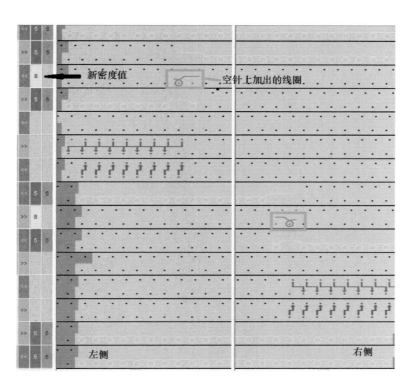

图 6 - 14 采用换行编织减小密度来补洞的编织图

从图 6 - 15 的织物效果来看,已经看不出孔了。

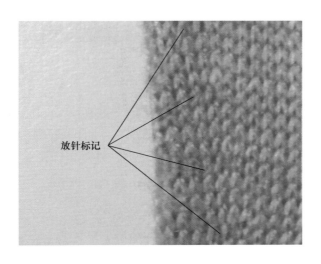

图 6 - 15 利用换行编织减小密度来补洞的织物照片

第三节 拷针和均收

一、拷针

在手摇横机上，根据工艺要求使需要减针的织针上的旧线圈脱落，不进行线圈的转移，并将这些织针撤下，退出织针位置，使衣片由宽变窄的操作称为拷针。但是，这样的拷针方法在电脑横机上是很难实现的。电脑横机上的拷针方法有以下几种。

1. 并锁式拷针

（1）并锁式拷针编织原理。并锁式拷针如同收针，只是一针一针地进行并锁，形成一个平"台阶"，即所谓的关边，常用在领部、袖笼、挂肩等处，如图6–16所示。

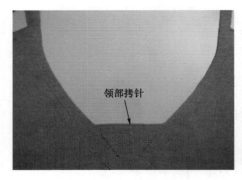

图6–16 并锁式拷针

同收针原理一样，在电脑横机上拷针，需要借助另一针床，并通过翻针、针床横移来完成。以左侧拷针的编织图为例说明，如图6–17所示。

首先，在机头从左向右 >> 行驶时，（左边）外侧2针在前针床编织 ，然后它们向后针床翻针 ，后针床向右横移1个针距（ [U]R1 ），之后2针翻回前针床 ，左边第1枚织针上的线圈翻到了第2枚织针上，第2枚针的线圈翻到了第3枚针上，因而就并掉了1针（相当于暗收1针，收针数是2）。图中浮线 只是起一个调转机头方向的作用（ << ）。后面照此循环，根据拷针数的多少来编

织。一般拷针时牵拉作用小，所以这行的密度比正常编织的密度松（STOLL 电脑横机在密度列中用不同颜色表示不同的密度）。

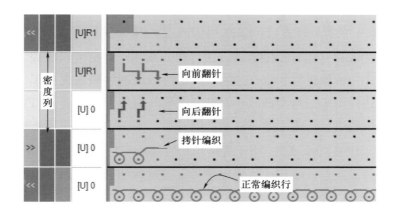

图 6 – 17　左侧拷针编织图

拷针的编织动作可以不同，根据需要来选择。可以把这种动作编辑成模块放入电脑系统中，随时调用。

并锁式拷针的编织方式有很多，可以根据纱线强度、牵拉等状况来设计。图 6 – 18 所示为 4 种从左向右拷针的编织图。

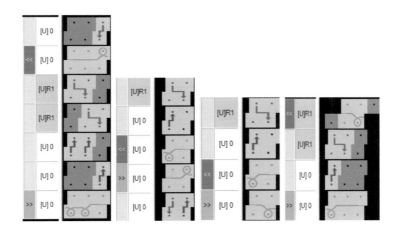

图 6 – 18　四种拷针方式编织图

图 6 – 18 中：代表前针床编织，代表后针床编织，代表浮线；代表线圈向后翻针，代表线圈向前翻针；[U]0 针床在原点，[U]R1 代表后针床向右横移 1 个针距；机头运行方向：《表示向左，》表示向右。

（2）并锁式拷针边针松的解决方法。在并锁式拷针中可以看到，随着拷针从外向内一针一针地进行，由于边缘线圈的针数逐渐并锁后失去了下面织物给予的牵拉，这样由于握持力的减小，容易造成线圈上浮，因此，可能会使后面的拷针不能顺利进行。为了解决这个问题，生产实践中可以采用在拷针前先使外边缘增加 1 针编织线圈，用于握持织物外缘，等拷针结束后，再脱去这个额外的成圈。这样就能较好地完成拷针，而增加的这个线圈可以利用缝合隐藏起来。

以左侧加挂针的拷针为例说明，编织如图 6 – 19 所示。

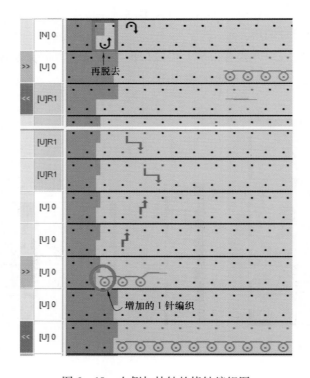

图 6 – 19　左侧加挂针的拷针编织图

2. 废纱编织代替拷针　在领子、肩斜等部位拷针的针数比较多，这样势必时间长、效率低。因此工厂在实际生产中常常把这种多针拷针中需要拷针的线圈先用若干行废纱编织 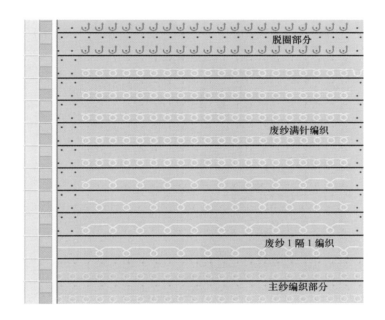，然后再用脱圈 的方式退针，最后通过后道工序进行套口缝合。这种方法多用于领部是圆领拷针的地方，编织图如图 6 – 20 所示。

脱圈部分

废纱满针编织

废纱 1 隔 1 编织

主纱编织部分

图 6 – 20　废纱编织取代拷针的编织图

二、均收

均收就是将一行内的收针均匀地分放在一行内的几个位置上，而不是只收在两侧边缘。收针花呈散射形式分布，织物逐渐收窄。均收特别适用于帽子、裙子、披肩等。图 6 – 21 所示为均收织物。

图 6 – 22 所示为均收示意图，每侧每个台阶是一行内每边总共收掉的针数，中间区域的小记号就是收针时的重叠点。下面用编织图加以说明，如图 6 – 23 所示。

图 6 – 23 中地组织为前针床编织 ，每行每侧共收掉 4 针，一般情况下收针花的间隔距离平均分配，如果每次收针为 1 针，那么收针就分成 4 组进行。

图 6 – 21　均收织物

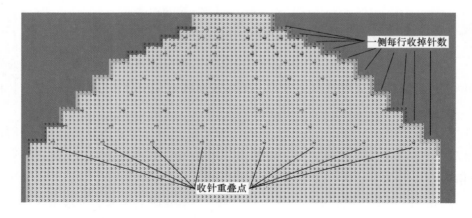

图 6 – 22　均收示意图

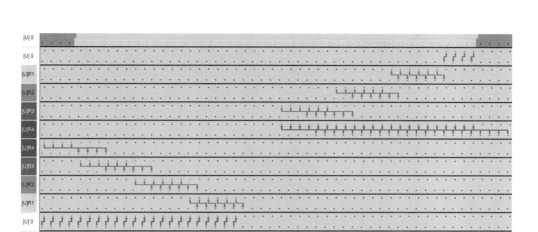

图 6 – 23 均收编织图

左右两边的收针分步进行，先进行左侧收针，再进行右侧收针。

（1）左侧收针。首先，左侧的一半织针先向后翻针 ，右侧的织针保留在前针床上。后针床向右横移 1 针[U]R1，被均分的最内侧的第一组针一起向前翻针 ，这样就完成了一个收针点的动作；接着，第二部分被均分的织针在针床向右继续横移一个针距（即相对于原点横移 2 针[U]R2）的情况下向前翻针，此时本组最内侧那枚织针就与前一组最外侧的织针相重叠；接着，第三组织针在针床向右继续横移 1 个针距（相对于原点横移 3 针[U]R3）的情况下向前翻针；同理，第四组织针在针床向右继续横移 1 个针距（相对于原点横移了 4 针[U]R4）的情况下向前翻针，这样左侧的 4 针收针动作完成了。如果收 5 针，每次只收 1 针的话每侧织针就将分成 5 组，以此类推。

（2）右侧收针。左侧收针完成，接下来进行右侧收针。为了减少织针的翻针动作，可以在针床横移的情况下进行翻针。所以首先将右侧织针在针床向右横移 4 针（[U]R4）的情况下全部翻向后针床，然后最内侧第一组织针在针床向左横移 1 针的情况下向前翻针（即相对于原点横移 3 针[U]R3）收掉 1 针；接着，第二组织针在针床继续向左横移 1 针（[U]R2）的情况下，翻回前针床再收掉 1 针；以此类推，第三组织针在针床向左横移 1 针（即相对于原点横移 1 针[U]R1）翻回前针床；第四组织针在针床继续向左横移 1 针（ⓊⓄ）的情况下翻回前针床，由此结束了右侧的 4 针收针。

图 6 – 24 所示为一件采用"均收"方式收针的披肩，上面标注的点就是收针花的位置。可以看到，在同一行上分布着几个收针点，自下而上随着布面针数的减少，收针花的间距越来越小。

收针花记号

图 6 – 24　均收的斗篷照片

采用均收方式编织的服装如图 6 – 25 所示。

图 6 – 25　均收方式编织的服装

第七章 电脑横机特殊结构的编织

第一节 打褶编织

有些裙装或上衣需要打褶，在电脑横机上可以通过翻针、移圈以及不同组织的织物特性等方式来自动完成，如图7-1所示。

图7-1 电脑横机自动编织出的打褶织物在服装上的运用

一、采用翻针、移圈方式打褶

采用翻针、移圈方式打褶编织适用于单面结构的布面打褶。图 7 - 2 所示为一个 10 针打褶编织的织物。编织如图 7 - 3 所示。

图 7 - 2　采用翻针、移圈方式打褶编织的织物

如图 7 - 3 所示，首先，将打褶一侧织针上的线圈都翻到后针床上 ；然后，后针床向右横移 1 个针距 [U]R1，打褶的右侧第 1 枚织针翻回前针床 ；接下来就是使打褶的线圈——从左侧翻到前针床，而翻过来的线圈又不能与前面翻过来的线圈重叠，因此第 2 枚织针要在后针床向右横移 3 针的时候翻到前针床 [U]R3；第 3 枚织针在后针床向右横移 5 针的情况翻回到前针床 [U]R5；第 4 枚织针在后针床向右横移 7 针的情况翻回到前针床 [U]R7……以此类推，直至第 10 枚织针在后针床向右横移 19 针的情况翻回到前针床 [U]R19。之后将左侧剩余的针一起在后针床向右横移 20 针 [U]R20 的情况下，向内翻到打褶的织针及剩余的织针上，这样一个重叠 10 针的褶就做好了。一般情况下，褶最宽为 25.4mm（1 英寸）左右，而每个褶之间至少要保留 2 针以上的距离。

为了说明清楚，用图 7 - 4 所示拉开的织物模拟视图来呈现打褶线圈的扭曲情况。

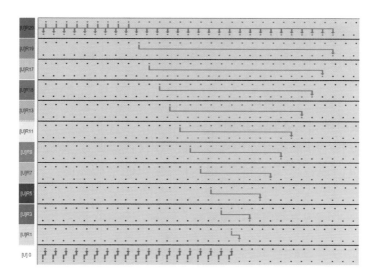

图 7 - 3　翻针、移圈打褶的编织图

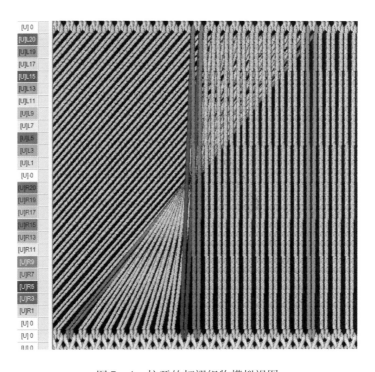

图 7 - 4　拉开的打褶织物模拟视图

图7-4中，蓝色█标明的线圈是第一个要向右移动并重叠到粉色█线圈位置上的，红色█的线圈（第10枚）是最后一个通过翻针和移圈重叠到绿色█线圈位置上的。因为一次只并一针，所以打褶越大，针数越多，所需编织行数就越多，时间越长。

二、采用正反针的排针不同而形成褶皱

单面正反针织物都具有卷边性，所以可以利用织物这种特性，在织物中交替使用几针纵向前针床编织和几针后针床编织的单面线圈，使织物形成纵向褶皱。

1. 单色四平结构与单面编织相结合 其编织图如图7-5所示。

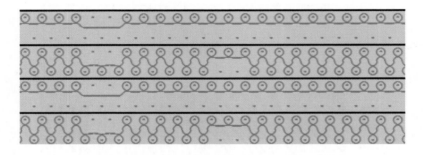

图7-5 单面四平结构与单面编织相结合的打褶编织图

总体结构为四平线圈，需要有褶的地方用几针单面前针床编织，使织物向反面卷。另外，编织几针后针床线圈，又使织物向正面卷。这样一前一后交替，使织物出现一个趋势的褶皱，如图7-6所示。褶皱的宽度由单面编织之间的四平线圈多少来决定。

编织密度：由于隔行中有四平线圈与单面线圈在同一行编织，所以应采用的编织密度比四平织物略松（STOLL横机上约为10.5）。而另一行的线圈全部在后针床上编织，所以单面密度设置得稍紧（STOLL横机上约为11.5）。

2. 提花结构与单面编织相结合 与前面所说的单面四平结构与单面编织相结合的原理一样，可将四平结构部分替换为双面提花结构。例如使用背面横条提花结构，也可编织出由于单面的卷边性而形成的褶皱效果，编织图如图7-7所示，织物效果如图7-8所示。

图 7 - 6　单面四平与单面编织相结合的打褶织物

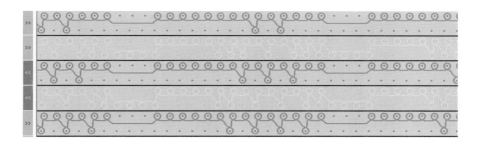

图 7 - 7　背面横条提花结构与单面编织相结合的打褶织物编织图

图 7 - 8　背面横条提花结构与单面编织相结合的打褶织物

由于前、后针床的空针相邻，织物形成倒向一致的百褶效果。

编织密度：前针床设定为正常的罗纹密度（STOLL 横机上约为 9.6），后针床设置为稍紧的单面密度（STOLL 横机上约为 11.6）。

第二节　毛圈织物

利用类似毛圈的结构可使服装手感柔软、丰厚，通常用在冬装和童装上。

单色毛圈织物在针织服装上的应用如图 7 - 9 所示。两色提花毛圈织物在针织服装上的应用如图 7 - 10 所示。

图 7 - 9　单色毛圈童装

图 7 - 10　两色提花毛圈女装

一、仿毛圈织物的编织原理

仿毛圈是通过先编织、再脱圈的原理来编织毛圈的。编织这种毛圈的优点是：不用更换零件，只要机器调整好，就可以编织。其缺点是：因为毛圈与地组织是靠集圈固定的，如果不小心勾到编织毛圈的纱线，毛圈就会被拉直。

1. 单色底毛圈织物的编织　单色底毛圈的编织图如图 7 – 11 所示，在没有毛圈的地方，可以画成图 7 – 12 所示的地组织。

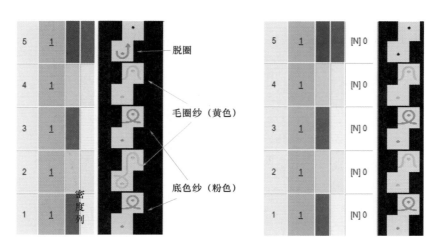

图 7 – 11　单色底毛圈织物毛圈的编织图　　　图 7 – 12　单色底毛圈织物地组织的编织图

这样可以把有毛圈的地方作为花型，以地组织的地方为底，设计成各种凹凸有致的毛圈花型。图 7 – 13 所示即为其编织图和织物模拟视图。

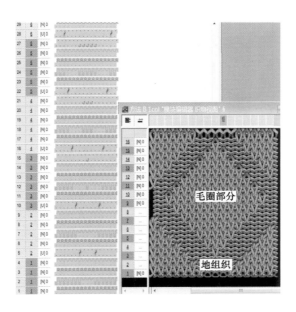

图 7 – 13　毛圈作为花型的编织图和织物模拟视图

图 7-14 所示为利用单色毛圈编织原理设计的织物（常用于童装），其中红色的花蕾就是用嵌花编织的毛圈组织。

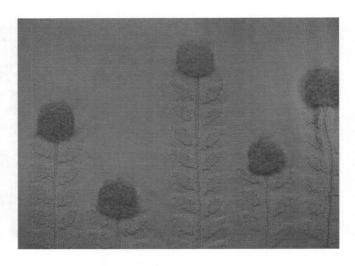

图 7-14　单色底毛圈织物

2. 两色底毛圈织物的编织　编织图如图 7-15 和图 7-16 所示。

用图 7-15 和图 7-16 这两种模块编织出的毛圈织物如图 7-17 所示。

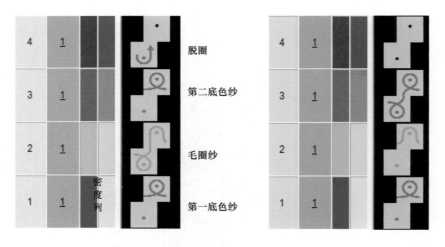

图 7-15　两色底毛圈织物毛圈的编织图　　　图 7-16　两色毛圈地组织编织图

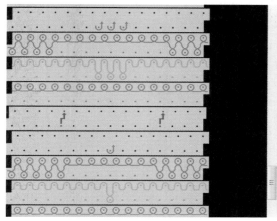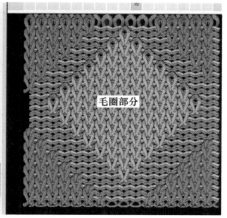

图 7 - 17 两色底毛圈织物的编织图和织物模拟视图

3. 两色毛圈纱的毛圈织物编织 地组织和毛圈纱的编织图如图 7 - 18 所示。

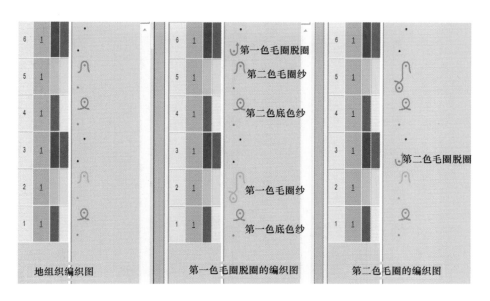

图 7 - 18 两色毛圈纱的毛圈织物编织图

用图 7 - 18 中的三种模块编织出的毛圈织物，编织图和织物模拟视图如图 7 - 19所示。

用这种方法编织的毛圈织物效果如图 7 - 20 所示。

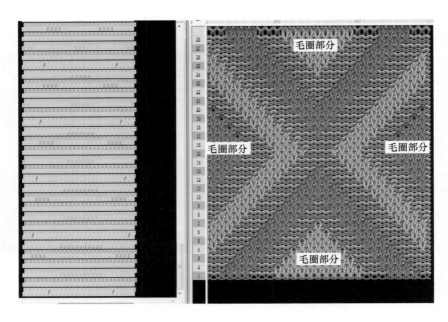

图 7 - 19　两色毛圈纱的毛圈织物编织图和织物模拟视图

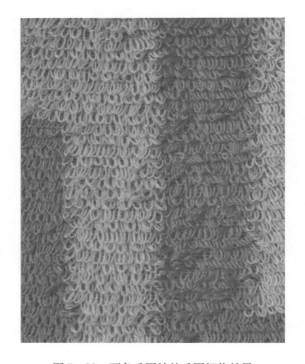

图 7 - 20　两色毛圈纱的毛圈织物效果

二、用特殊零件编织毛圈织物

在 STOLL 电脑横机上，可以更换一套专门的三角来完成毛圈的编织。基本原理是把以前不更换三角所编织的毛圈纱与地组织的连接由原来的集圈改为成圈，这样毛圈纱就变得稳固，不能轻易被拉出。

更换三角的横机使用条件是：横机要具备三个系统以上。

编织原理见表 7 – 1。

表 7 – 1　用特殊零件编织毛圈织物的编织原理

编织图		说明
		插入底纱
		插入毛圈纱，并且与底纱一起编织（使毛圈纱在地组织中更牢固）
		将前针床编织的线圈脱圈从而形成毛圈

第三节　脱圈织物和变针距花型织物

一、脱圈织物

脱圈织物是利用一些线圈先编织集圈，然后脱掉，由于脱圈后线圈的转移，使得一些线圈变松变长，在布面形成特殊的松紧效果。有四平进行脱圈编织的设计图如图 7 – 21 所示。其编织图如图 7 – 22 所示。

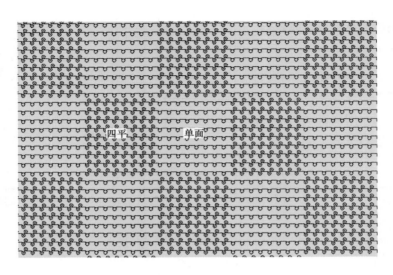

图 7 – 21　用四平进行脱圈编织的设计图

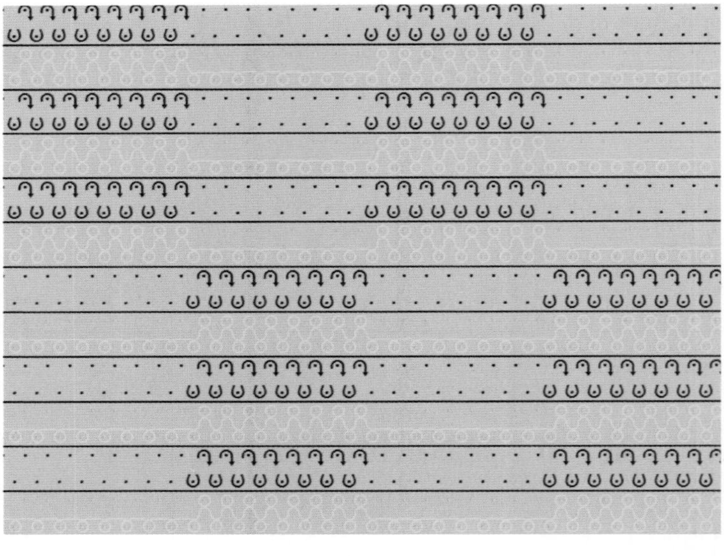

图 7 – 22　用四平进行脱圈的编织图

从图 7 –22 中可以看出，每次编织完四平线圈 ▨ 之后，后针床的线圈脱圈

⏠，而脱圈后的线圈为了更好地向前针床的线圈转移，前针床使用了匀整 ☻ 来

处理（织针起到集圈高度，不垫纱），这样，这些有脱圈的织针上的线圈将比没

有脱圈线圈的地方松，但这些松线圈在同一行的地方大小也不一样，越靠近连续四平线圈中心区的地方越松，而在接近于平针地组织□的地方，由于旁边没有脱掉的线圈转移，所以线圈略小。因此，虽然画图时为矩形，但下机后的织物却呈现椭圆形（图7-23）。

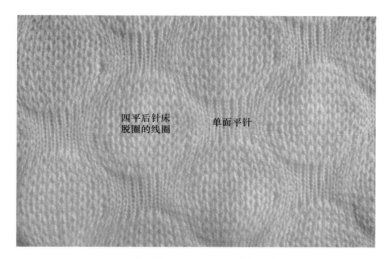

图7-23 四平脱圈织物正面

四平脱圈织物的反面如图7-24所示。

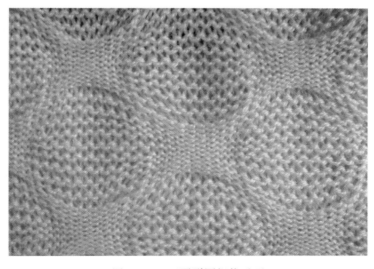

图7-24 四平脱圈织物反面

　　四平脱圈织物的编织密度需要好好调整，一般四平结构后针床线圈设置密度较小，脱圈行的密度大于四平结构的密度。

　　采用这种方法，再结合嵌花的穿纱，可编织出如图 7 – 25 所示的织物效果。

　　同理，利用脱圈松弛的效果，可以编织出同一块布面上具有不同粗细针的效果。

　　例如：首先编织畦编组织（一行四平线圈 ⌷，一行四平集圈 ⌷ ），若干行

后编织单面平针 ⌷，再脱去后针床线圈 ⌷ （前针床匀整）。其编织图如图 7 – 26

所示。采用这种畦编 + 脱圈的方法编织的针织服装如图 7 – 27 所示。

图 7 – 25　脱圈 + 嵌花编织的花型织物

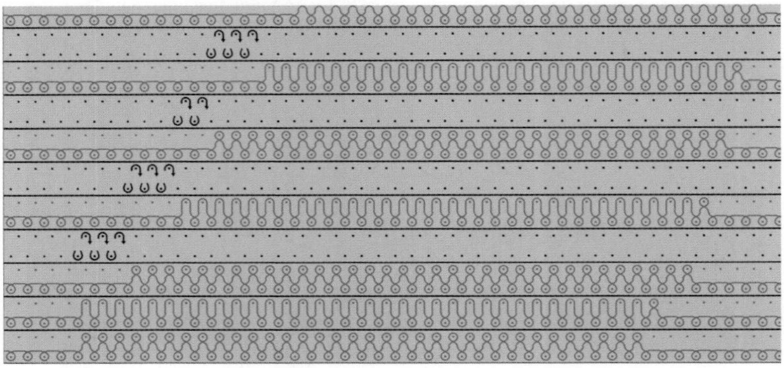

图 7 – 26　畦编 + 脱圈的编织图

图 7 - 27　畦编脱圈织物的服装

二、变针距花型织物

一些电脑横机可以在同一台机器上编织出不同针距效果的织物。不仅仅是不在同一行的线圈可以达到这种效果，而且，同一块织物不同区域甚至同一行线圈也可以编织出这种不同针距的效果。如德国 STOLL 的多针距横机，日本岛精横机等。

多针距的横机的特点是：织针比普通机器针头大，便于使用粗的纱线编织。

变针距花型织物如图 7 - 28 所示。

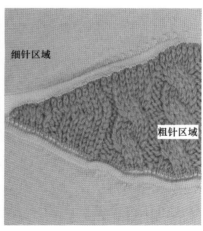

细针区域

粗针区域

图 7 - 28　变针距花型织物

1. 编织原理

由于同一块织物上用不同粗细的纱线编织，这就要求粗细纱线编织后的织物下机后达到平衡，长短尽可能一致，这样，粗纱编织的地方要比细纱编织的地方行数少才行，也就是粗纱与细纱的行数比为 1∶2 或 1∶3，即粗纱编织 1 行，细纱要编织 2 行或者 3 行。在横向方面，由于粗纱区域的纱线较粗，不能满针编织，需要一隔一出针或一隔二出针。

1∶2 变针距织物编织图的设计如图 7-29 所示。

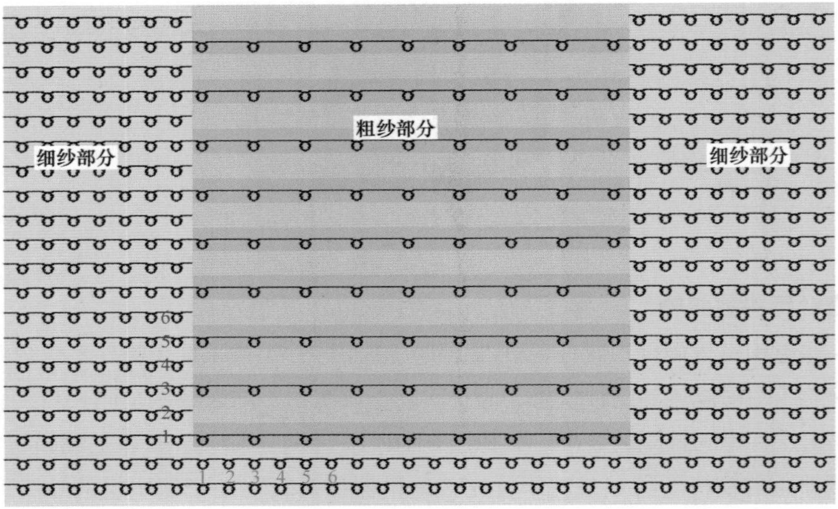

图 7-29　1∶2 变针距织物编织图的设计

2. 编织要点

（1）粗细纱编织的密度。粗纱编织时的密度值大于细纱编织的密度，在编程中需要使用不同的密度值。如果使用 STOLL 横机编织，在控制列中将放置不同的颜色，如图 7-30 所示左侧红色方块标注的地方，粗纱前后针床分别采用密度组 9 和 10 9 10，细纱编织的前后针床密度采用了密度组 5 和 6 5 6。因而粗细纱编织也不合并在同一系统中。如图 7-30 所示，蓝色的粗纱 和黄色的细纱 不在同一系统编织。

（2）使用嵌花编织时两者之间的连接。使用嵌花方式编织时，两者之间的连接如果采用集圈的方式，那么只使细纱在粗针上集圈，粗纱不在细纱区域集

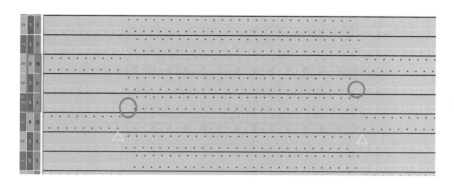

图 7 - 30　变针距织物的编织图

圈，否则粗纱将显露于细纱织物表面，破坏了原有的花型效果。图 7 - 30 中红色圆圈标注的是细纱编织的集圈连接，而黄色三角标注的是蓝色粗纱不论在哪个机头方向都不集圈。

（3）粗细纱之间的过渡方式。粗、细纱上下结合编织时，需要考虑它们之间的过渡方式。从满针前针床编织的细纱 到下一行隔针编织的粗纱编织 5 6，浮线前面的线圈需要翻到相邻织针上，编织原理如前面所讲的挑孔花型。如图 7 - 31 所示，先向后翻针，后针床向左横移 1 针，再翻回前针床，这样浮线之前的线圈就被翻到旁边编织的织针上。

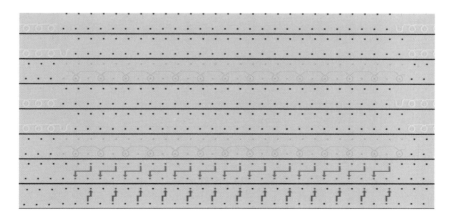

图 7 - 31　细纱向粗纱过渡的编织图

粗纱编织向细纱编织过渡时，要使原来的空针重新起针编织。过渡的方法有以下两种。

①空针起针。用细纱直接在空针上起针编织（图7－32）。

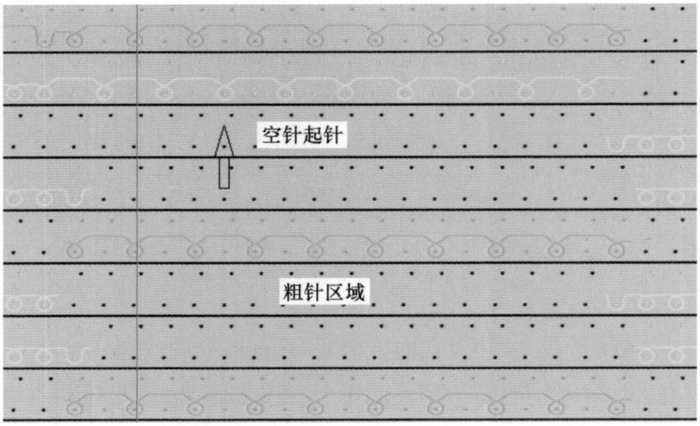

图7－32　空针起针过渡

②分针。利用分针结构，使得分出的线圈通过横移、翻针转移到空针上（图7－33）。

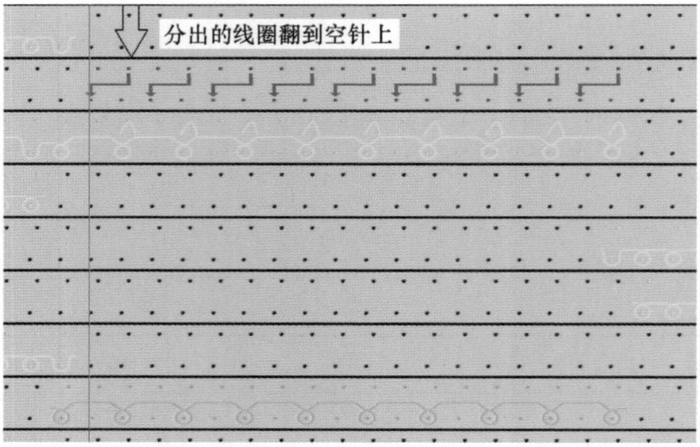

图7－33　分针过渡

两种过渡方式的模拟视图如图7－34所示。变针距花型织物在针织服装中的运用如图7－35所示。

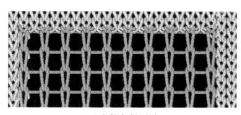
(a) 空针起针过渡

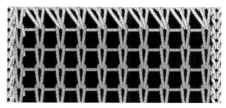
(b) 分针过渡

图 7 – 34　粗针向细针过渡的模拟视图

图 7 – 35　变针距的花型织物在针织服装中的运用

第四节　扣眼的编织原理

不使用纽扣打孔机，直接在开衫上编织出扣眼，电脑横机也可以实现。如图 7 – 36 所示。扣眼可以纵向开口（图 7 – 36），也可以横向开口（图 7 – 37）。

图 7 – 36　开衫上的纵向扣眼

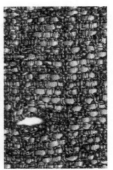

图 7 – 37　开衫上的横向扣眼

一、纵向扣眼

1. 纵向扣眼的编织原理

由于织物分开，使用同一把导纱器就不能使织物分开，所以扣眼的编织就和嵌花中两个色块没有连接的原理一样。

画图时需要将扣眼的两部分用不同颜色画出来，如图 7 – 38 所示，左侧为蓝色，右侧为黄色，蓝色的行数也就是扣眼开口的高度。

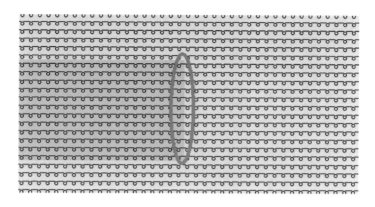

图7-38 纵向扣眼的画图

虽然画出了类似嵌花的结构，但可以使用普通导纱器进行编织。其编织图如图7-39所示。

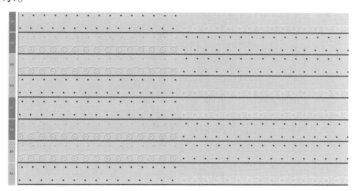

图7-39 纵向扣眼展开后的编织图

2. 编织纵向扣眼的注意事项 在导纱器初始位置，扣眼两侧不能连接。

扣眼的组织结构根据需要可以是单面平针、双面空转等，根据门襟组织的变化而选择。图7-40所示就是在双面空转门襟上编织的纵向扣眼。其编织图如图7-41所示。

图7-42所示是在变针距2×2基础组织上编织的纵向扣眼。

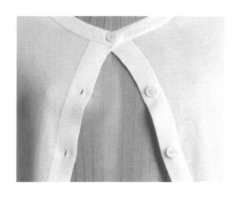

图7-40 空转门襟上的纵向扣眼

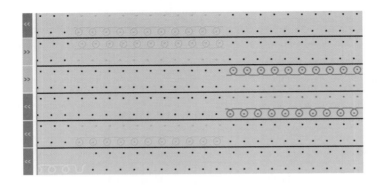

图 7 - 41　空转门襟上的纵向扣眼编织图

图 7 - 42　变针距 2×2 罗纹组织上的纵向扣眼

图 7 - 43 所示为在 1×1 罗纹组织门襟上编织的纵向扣眼。

图 7 - 43　1×1 罗纹组织上的纵向扣眼

二、横向扣眼

1. 横向扣眼的编织原理　用拷针的方式结束扣眼的编织，形成光滑的平面，然后再重新起针开始后面的编织。

2. 编织横向扣眼的注意事项　由于进行拷针，所以编织的时间会长些，而重新起针是在空针上进行，所以起底针就要前后一隔一起底编织。

图7－44所示是在空转结构的地组织上编织的横向扣眼。

图7－44　空转地组织上的横向扣眼

扣眼的宽度就是拷针的针数，扣眼越宽，拷针针数越多，时间越长。其编织图如图7－45所示。

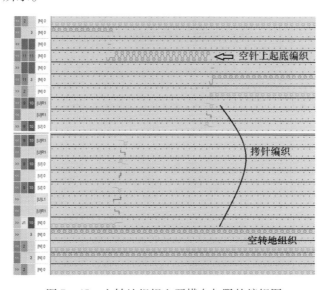

图7－45　空转地组织上开横向扣眼的编织图

绿色前针床编织■和红色后针床编织■形成空转地组织，由于是双面结构，所以拷针要将前、后针床的线圈都要并掉，后针床向前的翻针动作 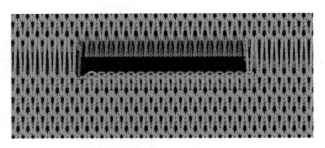 是在针床向右横移 1 针 [U]R1 的情况下进行的，所以后针床的线圈被并到了右侧相邻的前针床线圈上；而前针床向后翻针的动作 是在后针床向左横移 1 针 [U]L1 的情况下进行的，所以前针床的线圈被并到了右侧相邻的后针床线圈上。然后再将有双线圈的两个针床上的织针分别进行编织 、 ，如此循环往复，依次将所有要并掉的线圈处理完，形成扣眼的底部。由于图 7 - 45 中需要很多行才能表示完，为了减小图形，故只显示了前面并掉的线圈动作和最后的动作，并用分割线 做了区分。

接着扣眼的上边缘线，就是在空针上起底，由于地组织是满针空转编织，所以才用四平来起针 。此时的密度设置要注意，由于没有了牵拉力的作用，密度值比正常编织要紧。织物模拟视图如图 7 - 46 所示。横向扣眼在服装上的应用如图 7 - 47 所示。

图 7 - 46　横向扣眼模拟视图

图 7 - 47　横向扣眼应用实例

第五节　简单口袋的编织

一、贴袋的编织

贴袋的编织是在单面平针编织的地组织织物上，所开口袋的部分为双层，即空转平针织物的结构。其编织图如图7-48所示。

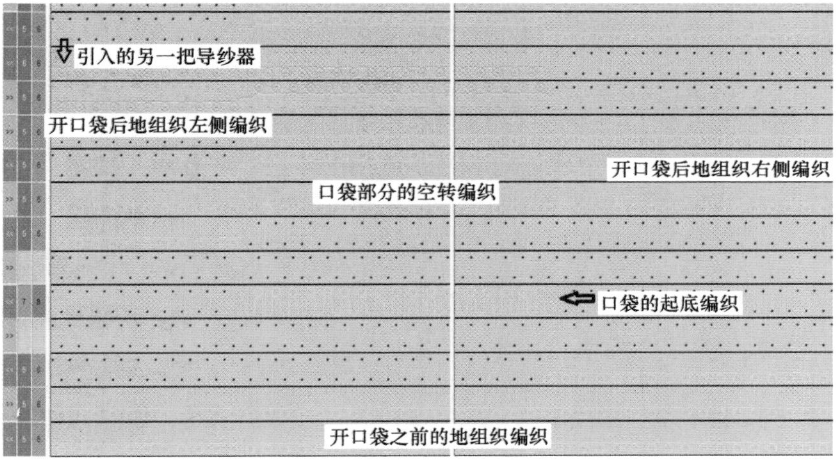

引入的另一把导纱器

开口袋后地组织左侧编织

开口袋后地组织右侧编织

口袋部分的空转编织

口袋的起底编织

开口袋之前的地组织编织

图7-48　贴袋编织图

从图7-48可以看到，开口袋之前，使用一把导纱器编织地组织部分，到了开口袋时，由于口袋部分是前后双层结构，编织行需要2行才能与大身部分平衡，所以编织被分段进行，原先地组织的导纱器编织右侧地组织和口袋，左侧将引入一把新的导纱器（用蓝色表示），这样才可能进行连续的口袋编织。

图7-49所示为短袖上衣上的贴袋，其编织图如图7-50所示。口袋的地组织不同，前针床一隔一出针，后针床满针编织，用嵌花导纱器进行编织，口袋前后可以使用不同的导纱器，导纱器就可以停留在编织区域中间。

贴袋在服装上的应用如图7-51所示。

图 7-49　短袖上衣的贴袋

不同的密度设置

口袋前片一隔一编织

口袋后片引入纱线

口袋起底行

图 7-50　嵌花导纱器编织的贴袋

图 7-51　贴袋在服装上的应用

二、斜插袋的编织

如图 7-52 所示，斜插袋的斜边是靠收针动作完成的。

斜插口袋的编织图如图 7-53 所示。

图 7 - 52　斜插袋

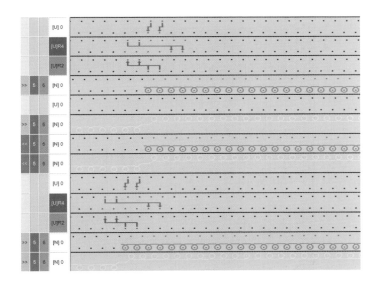

图 7 - 53　斜插袋的编织图（左侧收针）

在图 7 - 53 中，口袋面使用的是红色代表的前针床编织线圈 ，口袋底使用的是黄色代表的后针床编织线圈，因为口袋部分的织针是在两个针床上编织的空转组织，所以要想收针，必须借用口袋外围后针床的空针来进行。因为口袋的斜度是每次收2针的，所以首先后针床向右横移2针，然后让最左边缘的2枚织针上的线圈翻向后针床，针床再继续向右横移2针后，线圈翻回前

针床 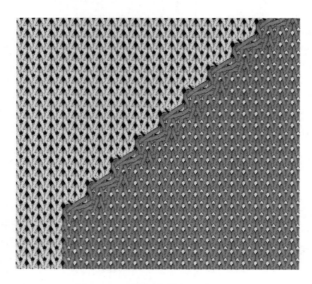，这样就收掉了口袋面的线圈。同理，依次进行收针，直到斜边完成。其模拟织物视图如图7-54所示。

图7-54　斜插袋模拟织物视图

图7-55所示的口袋面为粗针，大身底为细针多针距织物。前面说过，粗针需要隔针出针，而且使用不同的导纱器去穿纱。这个口袋的斜边是粗针收1针得到的。其编织图如图7-56所示。

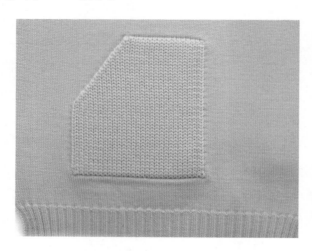

图7-55　不同于大身织物的斜插袋

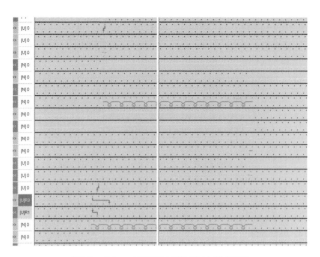

图 7 - 56　多针距斜插袋的编织图

在图 7 - 56 中，绿色代表粗针纱线编织的一隔一出针线圈 ，作口袋面；黄色代表满针编织大身底并且进行后针床编织的口袋底 。织物模拟视图如图 7 - 57 所示。

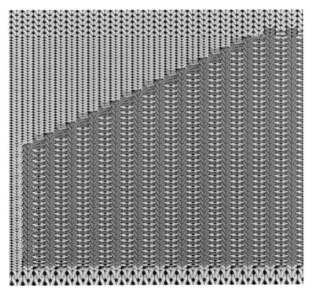

图 7 - 57　多针距斜插袋的织物模拟视图

口袋的样式多种多样，利用嵌花的方式还可做成如图 7 - 58 所示的斜贴袋。

另外，还可编织成两边收针的袋鼠袋，如图 7 - 59 所示。此外，还可以编织出带兜盖的口袋，如图 7 - 60 所示。

图 7 - 58　斜贴袋

图 7 - 59　袋鼠袋

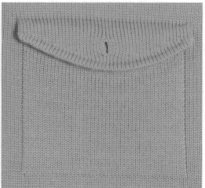

图 7 - 60　带盖的口袋

第六节 时装的编织

电脑横机可以编织出千变万化的结构,如利用不同粗细和不同原料的纱线搭配、运用不同组织结构可以编织出具有时尚感的花型。图 7 – 61 (a) 所示为采用完全不对称顶部、多层技术编织的透视浮线结构时尚女衫;图 7 – 61 (b) 所示为双层结构与局部脱圈相结合,直接编织口袋,袖口、下摆为凸条结构的女衫。

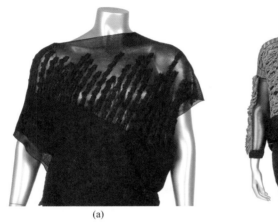

(a)　　　　　　　　　　　(b)

图 7 – 61　采用不同原料、不同组织编织的双层结构

德国电脑横机制造商 STOLL 公司每年都会根据市场的流行趋势,发布春夏、秋冬两季的服装集锦,指导毛衫企业紧跟着时代潮流。下面介绍一下 STOLL 公司 2012/2013 针织时装流行集锦,供大家学习参考。

一、春夏针织时装集锦

春夏针织时装集锦如图 7 – 62 ~ 图 7 – 70 所示。

图 7 – 62 中的背心(上衣)采用对角设计的凸条结构,使用局部编织技术。裤子采用打褶编织;图 7 – 63 所示为全成形编织的 1×1 集圈罗纹光边 V 领背心,编织时部分织针退出工作,使织物具有凹凸感。

图 7 – 64 (a) 所示为大身裁剪、袖子全成形编织的套头衫,采用三层技术编织空转褶皱,局部编织凸条结构;图 7 – 64 (b) 所示为采用打褶编织的裙子。

图 7 - 62　凸条结构的上衣与打褶编织的裤子　　图 7 - 63　凹凸感 V 领背心

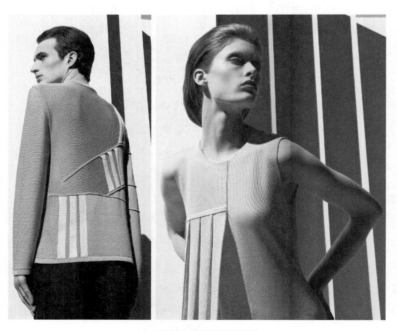

(a) 三层技术纺织的空转褶皱

(b) 打褶纺织的裙子

图7-64 打褶编织的针织服装

图7-65（a）所示为全成形编织的查尔斯顿针织服装，背面对折褶皱，双面平针结构；图7-65（b）所示为直接编织出下摆褶皱的双面平针结构连衣裙。

图7-66所示为全成形编织的高腰连衣裙，沿编织方向有箱式褶。

图7-67（a）所示为全成形编织的1×1罗纹组织V领套衫，编织畦编结构时局部织针退出工作，使织物表面具有凹凸感。图7-67（b）所示的上装为短袖平针开衫，楔形编织技术，采用网眼结构直接编织出腰带，织物表面的凹凸形成褶皱；下装为全成形编织的单面组织打褶裙裤。

图7-68（a）所示为全成形编织的拉链马甲，双面集圈结构，锯齿形花型，采用半畦编结构编织口袋和肩部；图7-68（b）所示为全成形编织的落肩毛衫，

通过两个导纱器的转换使两种颜色的织物在中心连接，中心开缝环绕至领子后方。

(a)   (b)

图 7 - 65　带褶皱的双面平针结构针织服装

图 7 - 66　全成形高腰连衣裙

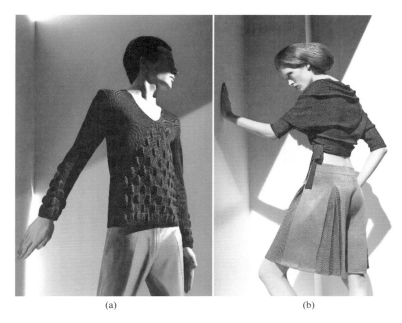

(a)　　　　　　　　　　　　　　　　(b)

图 7 – 67　具有凹凸感的打褶针织服装

(a)　　　　　　　　　　　　　　　　(b)

图 7 – 68　全成形编织的针织服装

二、秋冬针织时装集锦

秋冬针织时装集锦如图7-69～图7-97所示。

图7-69所示为具有翻针握持线圈的七色浮线提花并带有贴袋的仿花呢结构的全成形短款上衣。

图7-70所示为全成形编织的开衫，使用背面芝麻点提花结构，下摆和领部有流苏、直接编织出口袋和扣眼，袖子采用粗针距编织的2×8绞花花型。

图7-71所示为裁剪后缝制的针织外套，采用四色翻针提花结构编织出仿花呢效果，全成形编织袖子，平针锁边，没有损耗。

图7-72所示为裁剪后缝制的连衣裙，使用背面芝麻点两色提花、横向网眼嵌花条纹结构，通过织针退出和超宽度编织形成的褶皱来达到波浪效果。

图7-69　全成形短款上衣

图 7 - 70　全成形开衫

图 7 - 71　裁剪后缝制的针织外套

如图 7 - 73 所示，外边为裁剪的开衫，前后翻针浮线提花，袖口和肩部用两色背面芝麻点提花连接；里边为裁剪的吊带裙，前后翻针浮线提花，带有扣眼和口袋，旁边和门襟为背面芝麻点两色提花结构。

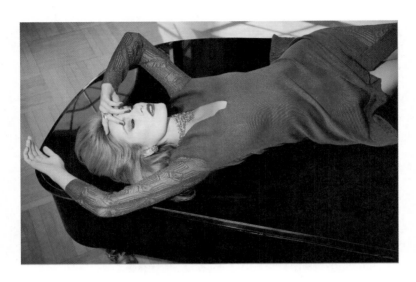

图 7 - 72　裁剪后缝制的连衣裙

图 7 - 73　裁剪的开衫套装

　　图 7 - 74（a）所示为采用前后翻针的浮线提花结构编织，非对称的裁剪连衣裙；图 7 - 74（b）所示为采用交替空转翻针结构编织的长前襟裁剪开衫，具有泡泡效果，袖子采用两色芝麻点提花结构，大身通过楔形编织成形，具有褶皱外观。

(a)　　　　　　　　　　　　　　　(b)

图 7 - 74　提花结构的针织时装

图 7 - 75（a）所示为采用三色翻针结构编织出的仿梭织外观人字花的全成形针织服装，使用嵌花技术直接编织出翻领和门襟；图 7 - 75（b）所示为采用三色翻针浮线提花结构编织的双排扣仿花呢上衣，带有天鹅绒翻领。

(a)　　　　　　　　　　　　　　　(b)

图 7 - 75　三色翻针结构的针织时装

图7-76（a）所示为采用不对称成形编织与楔形编织、具有褶皱效果的织可穿平针连衣裙；图7-76（b）所示的披肩使用嵌花技术编织出浮线条纹，直接编织出扣眼，里面为织可穿的套衫和裤子。

(a)   (b)

图7-76　织可穿针织时装

图7-77（a）所示为具有梭织效果的三色翻针提花结构披肩；图7-77（b）所示为采用两色网眼结构编织的不对称领连衣裙，下摆是做采用楔形编织的两色提花，形成的褶皱。

图7-78所示为人字花纹粗条绒外套。图7-79所示为全成形编织的披肩式外衣，直接编织出流苏效果。

图7-80所示为采用1×1编织技术、具用梭织外观的上衣，马鞍肩，两色提花翻领，带扣眼的花式边，直接编织出贴袋。图7-81所示为全成形编织的马甲，法式肩，衬垫条纹采用空转结构。

图7-82所示为采用三色翻针浮线提花结构编织的天鹅绒连衣裙，横向嵌花边，上部和袖子采用真正的天鹅绒纱编织。图7-83所示为仿花呢外套。

图7-84所示为具有浮线、流苏外观的嵌花外套，袖子全部编织流苏，采用1×1编织技术。

(a)

(b)

图 7 - 77　提花结构针织时装

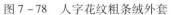

图 7 - 78　人字花纹粗条绒外套

图 7 - 79　全成形披肩式外衣

图 7 - 80　具有梭织外观的马鞍肩上衣

图 7 - 81　法式肩全成形马甲

图 7 - 82　天鹅绒连衣裙

图 7 - 83　仿花呢外套

图7－84 具有浮线、流苏外观的嵌花外套

图7－85所示为使用1×1技术编织的褶皱波纹上衣，直接编织纽扣环，领部使用开口凸条技术。

图7－86所示为芝麻点提花开衫，直接编织扣眼、流苏和空转领，袖子采用2×8粗针大绞花结构。

图7－85 褶皱波纹上衣

图7－86 芝麻点提花开衫

图 7-87 全成形 V 领法式肩男背心

图 7-87 所示为全成形 V 领法式肩男背心，采用两色翻针浮线提花结构。

图 7-88 所示为两色浮线提花女外套，衣服大身为一整片编织。

图 7-89 所示为两色浮线提花结构的修身西服，口袋、衣领为天鹅绒织物。

图 7-90 所示为四色翻针浮线提花结构的仿花呢外衣，肩部、门襟和袖口直接编织流苏。

图 7-91 所示为外观像扭绳的全成形女士外衣，采用变化的两色翻针浮线提花结构编织出锯齿花。

图 7-92（a）所示为具有手工效果的全成形技术编织的短裙，采用脱圈技

术编织两色浮线绞花；图 7 – 92（b）所示为全成形编织的肩带式背心，采用单面嵌花编织技术，同时衬垫弹力丝使衣服更贴身；图 7 – 92（c）所示为全成形编织的肩带式裙子，裙边和臀部使用凸条作为装饰。

图 7 – 93（a）所示为卡门领口的无袖连衣裙，裙部网眼结构打，并采用脱圈技术形成轮廓。图 7 – 93（b）所示为全成形技术编织的套头短衫，法式肩，1 × 1 罗口为浮线结构编织的彩条。图 7 – 93（c）所示为采用全成形编织的波纹人字结构的开衫。图 7 – 93（d）所示的帽子采用握持浮线边，时里时外进行变化；围巾采用带有十字线圈的平针结构；护腿采用两色和单色浮线结构交替编织的条纹结构。

图 7 – 88　两色浮线提花女外套

图 7 - 89　两色浮线提花修身西服　　　　图 7 - 90　四色翻针浮线提花仿花呢外衣

图 7 - 91　外观像扭绳的全成形外衣

(a)

图 7 – 92

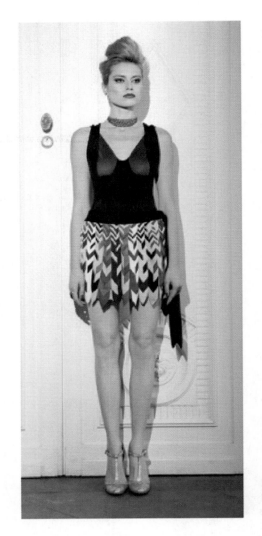

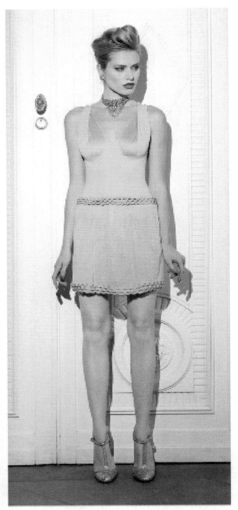

(b)　　　　　　　　　　　　　　　　　　(c)

图 7 - 92　全成形针织时装

(a)　　　　　　　　　　　　　　　　　(b)

图 7 - 93

(c)

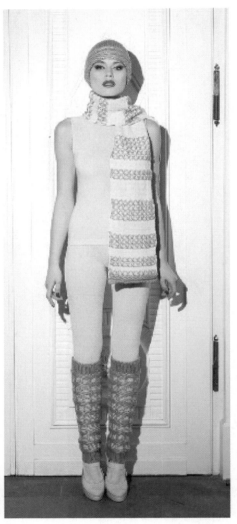

(d)

图 7 - 93　不同结构与造型的针织时装

图 7 - 94 所示为采用嵌花编织的格子图案连衣裙，整件裙子中由上至下使用了由细到粗的三种粗细效果。

图 7 - 95 所示为全成形吊带背心，采用不同针距的编织在整件衣服呈现粗细渐变的效果。

图 7 - 94 嵌花编织的格子图案连衣裙   图 7 - 95 全成形吊带背心

图 7 - 96 所示为两色泡泡点纹提花修身西服。

图 7 - 97 所示为全成形纺织的两色单面结构套衫。

图 7 - 96　两色泡泡点纹提花修身西服

图 7 - 97　两色单面结构的全成形套衫